Best Time

白 马 时 光

如果焦虑是只喵

段美茹 著

百花洲文艺出版社

图书在版编目（CIP）数据

如果焦虑是只喵 / 段美茹著 . — 南昌：百花洲文艺出版社，2024.9. — ISBN 978-7-5500-5497-4

Ⅰ . B842.6-49

中国国家版本馆 CIP 数据核字第 2024NM5562 号

如果焦虑是只喵
RUGUO JIAOLÜ SHI ZHI MIAO

段美茹　著

出 版 人	陈　波
出版统筹	李国靖
特约监制	董　妍
责任编辑	曲　直　黄文尹
特约编辑	陈玉潇
封面设计	
版式设计	
出版发行	百花洲文艺出版社
社　　址	南昌市红谷滩区世贸路 898 号博能中心Ⅰ期 A 座 20 楼
邮　　编	330038
经　　销	全国新华书店
印　　刷	三河市金元印装有限公司
开　　本	880 mm × 1230 mm　　1/32
印　　张	7.75
字　　数	80 千字
版　　次	2024 年 9 月第 1 版
印　　次	2024 年 9 月第 1 次印刷
书　　号	ISBN 978-7-5500-5497-4
定　　价	49.80 元

赣版权登字：05-2024-187

版权所有，侵权必究

发行电话　0791-86894752　　　　　　　网　址　http://www.bhzwy.com

图书若有印装错误，影响阅读，请联系承印厂调换（010-85769320）。

序言
PREFACE

它的名字叫焦虑

少年时,总是将一切动荡都视为生命的过程,即使经历波涛,也能将其写成生命中耀眼的章节。

年岁渐长,背负起生活的琐碎与沉重,徘徊于迷茫与未知,很多事情变得无法泰然处之。

在这个追求万事高效的时代,沉沉浮浮间,内心深处总有一种声音,常叫嚷着不甘、不愿与不适。

世人将其命名为"焦虑"。它如猫般善变、易怒，有人急着将其一脚踢开，也有人因其画地为牢。

其实，还有一种更智慧的处理方式，就是将它视为生活的一部分，用心豢养焦虑这只猫。

一半欢笑，一半感伤。这本就是生活的常态。

如心电图的波动，生命的曲线也总在起伏间前行。

"焦虑"这样一种小动物，它需要被看见、被理解、被呵护，而并非被敌视、被恐惧，被想方设法地遗弃。

它既然来到你的生命中，何不友好地接纳，与之彼此安抚，互相守护，放慢生活的脚步，借助它读懂生命的起伏？

或许它可以陪你一起见证人生中一些平凡却深刻的瞬间，以及那些充满挑战和荣耀的时刻。

焦虑猫简介

- **姓名**：焦虑
- **年龄**：与你同龄
- **性格**：欺软怕硬，性格多变，时而乖巧，时而任性
- **最贪恋的食物**：恐惧、愤怒、自卑、失望、疲惫
- **特征**：情绪表现多样，发胖后作威作福，觊觎主人地位
- **最喜欢的东西**：主人心底的快乐和阳光

HELLO!

目录

Contents

PART 1
焦虑现状：每个人心里都住着一只焦虑猫

- 002 焦虑测试，找到你的焦虑猫
- 017 焦虑是人生的底色
- 024 焦虑偷走心底的阳光
- 031 焦虑的隐蔽性
- 039 为什么越努力越焦虑

PART 2
焦虑源头：这只喵星人究竟来自哪里

- 046 一切焦虑孕育于认知偏差
- 052 情绪与自我的对立与拉扯
- 060 停止喂养焦虑
- 068 找到内心的缺口

PART 3
正视焦虑：它不讨喜，但并不可怕

- 080 再厉害的人也会焦虑
- 088 化解焦虑的攻击力
- 098 找到正确的控制方式
- 106 如果你感觉自己很糟

PART 4
焦虑特征：它的各种情绪化的样子

- 114 生气猫：躲开，请留神
- 121 惊恐猫：乖，摸摸头
- 126 想飞猫：谁没有梦到过翅膀呢
- 130 低落猫：为它找到藏身之处
- 137 成长猫：长大都要付出代价
- 144 害怕猫：抱抱它，不会被咬
- 152 对抗猫：猫咪不是故意的

PART 5
驾驭焦虑：与猫咪进行心理博弈

160　与压力和平相处

168　运动是驯养焦虑猫的利器

172　当生活归于简单时，焦虑也会安静下来

179　一些不可忽视的"小确幸"

PART 6
情绪救急：让焦虑缓一缓

186　转移焦虑猫的注意力

192　一些超好用的自我心理强化术

198　20件让人快乐的小事

PART 7
自我治愈：重建心灵的秩序

212 安顿好心灵世界的房客
219 一旦情绪再次不安分
227 心灵世界的情绪容差

234 后记

PART 1

焦虑现状：
每个人心里都住着一只焦虑猫

焦虑测试,找到你的焦虑猫

人们自我感觉到的焦虑水平和真实情况往往不一致
专业的焦虑程度和原因测试是必需的

——"你还好吗?你看上去有些不安。"
——"我很好,我没事。"

在日常生活中,我们经常会遇到这么一类人,他们看上去对任何事情都能淡然处之,很少表现出焦虑和担心。在别人眼中,他们是冷静而又理性的,其至是"成熟"的。他们很少在他人面前展露自己的负面情绪，即便别人看出了他的不安，他还是会极力否认。但事实上，他们真的不焦虑吗？

在对焦虑的相关研究中，研究人员发现了一个十分有意思的现象：有相当一部分人，他们自己报告的焦虑程度与研究人员按照生理指标为他们检测出的焦虑程度很不一致。有的人高估了自己的焦虑程度，而有的人则低估了自己的焦虑程度。高估自我焦虑程度的人，在生活中喜欢小题大做；而低估焦虑程度的人，则经常逃避焦虑或者压抑自己的焦虑情绪。

针对这一现象，研究人员进行了进一步的采访和调查，结果显示，焦虑逃避／压抑者往往具有如下特征：

- 甚少独处

- 经常将时间花在工作或者其他事情上
- 喜欢"君子之交淡如水"的交往方式
- 很少表达自己的感受和即时情绪,表现出高度的理性和容忍度,爱就事论事、以理服人
- 排斥自己的情绪,讨厌情绪化
- 不太进行深度思考

相比之下,那些"真闲士"则表现为如下几点:

- 开放、愉快,在人群中表现得轻松自在,较为直率且合群
- 包容、友好、为人热情
- 积极主动、适应性强、灵活度高
- 享受生活

其实,每个人多多少少都会有些焦虑,只是焦虑的程度不一样。每个人焦虑的水平存在差异,他们对

待焦虑的态度不一样，其在工作、人际交往等方面的表现也会存在很大不同。值得注意的是，人们自我感知的焦虑程度往往与其真实的焦虑水平并不一致，甚至天差地别。

因此，面对焦虑，我们必须注意分辨——

自己是真的焦虑还是假性焦虑？或者说是确实很焦虑还是只表现得很焦虑？

只有将自己的焦虑程度维持在适当的水平，才能有效地控制和运用焦虑情绪，使焦虑发挥其正向的效能，让我们在生活中、工作中表现出最佳的状态。

为了明确自己的焦虑程度是否适中，下面这组焦虑水平测试或许能为你提供一些参考。

这组测试共计20道题，每道题有4个选项，不同选项的计分值不同。根据自己的实际情况，选择对应的选项，然后将所有选项的分值计算总和，得出的总值就代表了你的焦虑程度。

第1题 我觉得最近比平时更容易着急或紧张：

○没有或很少时间——1.25 分

○小部分时间——2.5 分

○相当多的时间——3.75 分

○绝大部分或者全部的时间——5 分

第2题 我会无缘无故地感觉到害怕和不安：

○没有或很少时间——1.25 分

○小部分时间——2.5 分

○相当多的时间——3.75 分

○绝大部分或者全部的时间——5分

第3题 我易于变得惊恐或者心中烦乱：

○没有或很少时间——1.25分

○小部分时间——2.5分

○相当多的时间——3.75分

○绝大部分或者全部的时间——5分

第4题 我认为自己可能会发疯：

○没有或很少时间——1.25分

○小部分时间——2.5分

○相当多的时间——3.75分

○绝大部分或者全部的时间——5分

第 5 题 我感觉有什么不幸的事情要发生：

○ 没有或很少时间——1.25 分

○ 小部分时间——2.5 分

○ 相当多的时间——3.75 分

○ 绝大部分或者全部的时间——5 分

第 6 题 我的四肢会战栗，身体也会发抖：

○ 没有或很少时间——1.25 分

○ 小部分时间——2.5 分

○ 相当多的时间——3.75 分

○ 绝大部分或者全部的时间——5 分

第 7 题 我苦恼于背痛、头痛或者颈椎痛：

○ 没有或很少时间——1.25 分

○小部分时间——2.5分

○相当多的时间——3.75分

○绝大部分或者全部的时间——5分

第8题 我容易感到乏力和疲劳：

○没有或很少时间——1.25分

○小部分时间——2.5分

○相当多的时间——3.75分

○绝大部分或者全部的时间——5分

第9题 我无法静坐：

○没有或很少时间——1.25分

○小部分时间——2.5分

○相当多的时间——3.75分

○绝大部分或者全部的时间——5分

第10题 我感觉心脏跳得很快：

○没有或很少时间——1.25分

○小部分时间——2.5分

○相当多的时间——3.75分

○绝大部分或者全部的时间——5分

第11题 我苦恼于一阵阵的头晕：

○没有或很少时间——1.25分

○小部分时间——2.5分

○相当多的时间——3.75分

○绝大部分或者全部的时间——5分

第12题 我感觉手头的很多事，一直做不完：

○ 没有或很少时间——1.25 分

○ 小部分时间——2.5 分

○ 相当多的时间——3.75 分

○ 绝大部分或者全部的时间——5 分

第13题 我感觉有些呼吸困难：

○ 没有或很少时间——1.25 分

○ 小部分时间——2.5 分

○ 相当多的时间——3.75 分

○ 绝大部分或者全部的时间——5 分

第14题 我的手和脚会感到刺痛或麻木：

○ 没有或很少时间——1.25 分

○小部分时间——2.5 分

○相当多的时间——3.75 分

○绝大部分或者全部的时间——5 分

第 15 题 我苦于消化不良或者胃痛：

○没有或很少时间——1.25 分

○小部分时间——2.5 分

○相当多的时间——3.75 分

○绝大部分或者全部的时间——5 分

第 16 题 我小便频繁：

○没有或很少时间——1.25 分

○小部分时间——2.5 分

○相当多的时间——3.75 分

○绝大部分或者全部的时间——5分

第17题 我的手心经常出汗：

○没有或很少时间——1.25分

○小部分时间——2.5分

○相当多的时间——3.75分

○绝大部分或者全部的时间——5分

第18题 我感觉到脸红和脸颊发热：

○没有或很少时间——1.25分

○小部分时间——2.5分

○相当多的时间——3.75分

○绝大部分或者全部的时间——5分

第 19 题 我入睡困难，甚至整夜失眠：

○没有或很少时间——1.25 分

○小部分时间——2.5 分

○相当多的时间——3.75 分

○绝大部分或者全部的时间——5 分

第 20 题 我会做噩梦：

○没有或很少时间——1.25 分

○小部分时间——2.5 分

○相当多的时间——3.75 分

○绝大部分或者全部的时间——5 分

焦虑测试结果对应表：

总分	焦虑程度	说明
25～49	正常	继续保持现有的生活状态，适当增加运动和休闲活动次数，保持规律且丰富的生活。
50～59	轻度焦虑	最近心情有些许焦躁，但要相信自己拥有强大的自愈力，多参加感兴趣的活动。
60～69	中度焦虑	慢下来能使一切更明朗，如果你感到琐事缠身，坐立不安，不妨与朋友谈谈心，或者向心理咨询师求助。
70～100	重度焦虑	应立即重视起来，暂停手头的工作，寻求专业的心理治疗。

经过这些测试，你是否听到了焦虑猫的喵喵叫声呢？确定自己的焦虑程度后，我们还需要探究焦虑的类型及引发焦虑的主要原因。

引发焦虑的原因是多种多样的，其中包括一些前置性的因素，如遗传和童年经历的影响；长期因素，如长时间的压力积累；短期或者突发因素，如意外受伤、应激反应、遭受惊吓、生活出现重大变故或事业出现重大挫折，以及使用了刺激性的药物等；生理因素，如神经激素紊乱等；持续性因素，如错误信念、情感压制、缺乏目的意识等。

以上分析仅供参考，要想明确焦虑的原因和具体类型，最明智的做法是，根据自己的焦虑程度，选择专业的心理咨询或者治疗来对症调整，安抚这只敏感的猫咪，以免错过最佳介入时机。

焦虑是人生的底色

> 焦虑的产生和蔓延
> 是我们在乎和重视生活的证明

焦虑,作为生活的常态,有时恰恰证明了我们对自己生活的重视。

上学的时候,为考试和升学焦虑;上班的时候,为工作和薪水焦虑;单身的时候,为对象和自身条件焦虑;创业的时候,为客户源和亏损焦虑;要结婚的时候，为彩礼和房子焦虑；生病的时候，为身体和医药费焦虑；年老的时候，为养老和孤独焦虑。

发现了吗？我们不仅无法摆脱焦虑的纠缠，甚至可以说，焦虑就是我们活着的证明。这只猫咪会悄悄伴随着我们，考验我们能否与它和平共处。

焦虑的出现并不总是坏事，它往往是因为我们对生活有了新的要求和期待，源于我们对更好、更安全的生活状态的追求，它是我们居安思危意识的体现。焦虑是人生的底色，是我们追求上进的驱动力。

即使是婴幼儿，也并非完全无忧无虑。只是他们的焦虑相对较少，主要关乎基本需求，如饥饿、口渴或对母亲情绪的感知。随着年龄的增长和认识的发展，我们的欲望和需求越来越多，生活也变得越来越复杂。住在我们内心的焦虑猫也会逐渐长大，它时常会因为各种事情感到躁动不安，人就越来越容易感觉到焦虑。

成年人面临的压力和挑战远超孩童时期，这或许就是成年人更容易感到焦虑的原因。焦虑的出现，旨在刺激我们找到满足和发奋的平衡之道而已。

有的人认为焦虑是因为你想得太多而做得太少。这种说法也许不完全正确，但有一定道理。当焦虑产生时，它实际上是在提醒我们，是时候通过行动改变现状了。如果这个时候，我们只是大谈特谈焦虑存在的合理性，而完全忽视了焦虑对我们发出的提示，那么我们很可能会陷入焦虑的怪圈里，无法真正解决问题，也无法过上理想的生活。就像你面对一只凶狠的小猫，如果你采用凶狠的态度，那么它可能会更激烈地向你发起进攻。相反，如果你采用安抚的态度，试着去了解它的需求和渴求，这只小猫就会陪着你一起找到前进的方向。

所以，面对焦虑，我们应该找到平衡之法，学会与之握手言和，坦然接受它的存在。如实记录和分析让我们感到焦虑的事情，审视并"删除"那些不合实际的欲望。将对未来的焦虑具象为切实、可操作的步骤，确定目标、拆解目标、制订计划、执行计划、调整计划，可以帮助我们更好地了解内心的欲望，更好地应对焦虑。

如果你想要成为一个知识渊博的人，那么可以根据自己的情况做一个循序渐进的计划。例如，每天睡前阅读十分钟至二十分钟，或者每天读一篇自己喜欢的文章。起初，先用简单可执行的计划，培养自己对阅读的兴趣，在对阅读产生兴趣之后，再逐步增加阅读时间，而后灵活调整自己的阅读计划。

对其他所有目标，适用同样的操作原理，即从简单易操作的计划开始。不要幻想短期内就能达到一个极具挑战性的高度。"新手小白30天蜕变，月入过万不是梦。""从一无所有到年入百万，他只用了半年时间。""曾经无人问津，三个月后他成了别人高攀不起的大神。"这类标题在如今的互联网上太常见，它用"速成"给普通人制造了一个梦，并无情地收割着人们的焦虑。大批人蜂拥而上，为那个看似触手可及的梦想买单，最后却没有让梦想照进现实。当梦的泡影碎裂，焦虑会蜂拥而上。

不过，焦虑也有好的一面。它可以指引我们看清楚自己内心真正想要的东西，使我们在行动和改变中更加专注。

当然，改变并非一朝一夕的事，关注当前、活在当下，把握每一刻的生活，对理解和克服焦虑至关重要。

不可否认，人类热爱畅想未来，但我们也常常因此错过眼前的美好。急于成长，长大后又怀念转瞬即逝的童年时光；急于赚钱，在赚到钱之后又用钱来换取健康；急于实现未来的目标，却对当前的幸福视若无睹。

所以，在和焦虑共生的日子里，别忘了"活在当下"。这是先哲们留给我们最朴素、最简单、最宝贵的处世哲学之一。正如《牧羊少年奇幻之旅》中所写："焦虑与人类同时诞生，而且由于我们永远无法完全掌握它，我们将不得不学习与它一起生活，就像我们学会了与暴风雨一起生活一样。"

让我们摒弃掉那些过度的追求,给自己的心灵做做减法。只要专注当下,做好手边的每一件事情,生活中的美好就会不断靠近我们,焦虑也会渐行渐远,我们自己也会焕发新生。

焦虑偷走心底的阳光

> 乱我心者，今日之日多烦忧
>
> 焦虑情绪其实是一种恶性循环

现在，大家或多或少都认识到焦虑对身心健康的负面影响，也越来越重视对焦虑情绪的管理。但是，焦虑究竟为何物，它是如何悄无声息地侵蚀我们的内心，偷走我们心底的阳光的呢？

从前述内容中我们知道，焦虑会使人产生心跳加速、呼吸急促、身体发抖等生理反应。而国外新的研究表明，焦虑来源于大脑对人身体内部信号的感知，我们所知的那些外在的生理反应，其实都是大脑在感知到潜在危险时所采取的应对措施。一般情况下，这是一种正常的反应。但是，如果焦虑突破了正常标准，其引发的一系列生理反应会让人进入恶性循环，并在这种反复的循环中，强化焦虑。

这时候，那只焦虑小猫会长期保持高度戒备状态，在你内心的世界乱跑乱抓，扰乱内心的秩序。如果任由其发展下去，情况会越来越严重，甚至进入病理状态，发展为焦虑症、抑郁症，吞食你的快乐、你的健康。

一些严重焦虑的人，甚至会出现恶心、呕吐的情况。呕吐频次过高，还会引发胃食道逆流、胃溃疡等；

长期焦虑会影响人体的排便情况，造成便秘或者腹泻；焦虑带来的压力会促使血糖不断升高和存储，长时间下来就容易引发中风、心脏病或者肾脏器官的病变等；焦虑还会使人的肌肉持续紧绷，尤其是肩膀和颈部，进而引发紧张性头痛和偏头痛。最严重的是，长期的焦虑还会降低人体免疫系统抵抗病毒、细菌的能力。

总之，严重的焦虑会引发一系列健康问题。

焦虑不仅会影响我们的身心健康，还会悄无声息地渗透到我们的认知中，潜移默化地影响着我们的习惯，甚至与我们如影随形。这种影响主要包括三个方面：

一是影响人的注意力。

你是否注意到，负面的新闻、消息往往更容易吸引我们的注意力？

相关科学实验证明，人具有"注意负性偏向"的特性，即与正性的刺激相比，负性的刺激更能影响人脑的信息加工能力。这也说明人体对于负性情绪的刺激具有特殊的敏感性。比如，给新生儿播放不同情绪的语音，可以发现新生儿更善于区分愤怒、恐惧等具有负面情绪倾向的语音。

因此，焦虑作为一种负性刺激，会让人更容易关注并受到负面情绪的影响。如果一个人整天被负面情绪和负性刺激包围，久而久之，他的情绪和工作状态都可能会受到影响，难以积极、阳光地面对生活。有些曾经乐观阳光的人，后来变得满腹牢骚、频频抱怨，很可能就是因为他们受到了周围环境中负面情绪的影响，导致他们的磁场也在不知不觉中发生了改变。

二是影响人的记忆力。

当焦虑成为主导情绪时,人的工作记忆容量会明显下降,导致注意力难以集中。用通俗的话来讲,焦虑的人更容易受到他们所焦虑的事情的影响,容易忘事或者心不在焉,也更容易记住和回忆起那些让自己焦虑或者不开心的事情。慢慢地,整个人的情绪和状态就会越来越差,甚至影响到人的心理健康和生活质量。

三是影响人的决策力。

通过实验可以发现,当面临做决策时,高度焦虑的人往往都较为悲观,对结果的预期评价也更为负面,尤其是在面对不确定性和模糊结果时,他们的悲观情绪更加明显。

举个例子，一个男孩子心仪于某位女生，想要追求她。如果这个男孩子是焦虑症患者，他可能会悲观地想："她这么漂亮，条件这么好，一定不会看上我的。"即使他鼓起勇气表白，当女生没有第一时间给出明确的答复，他便会将之视为被拒绝的信号，认为自己应该放弃，以免给对方造成困扰。相比之下，乐观的男生会认为，只要女生没有明确拒绝，则说明自己还有机会。

可见，焦虑者对人生持悲观的态度，在这种心态的影响下，焦虑者很容易畏首畏尾，错失重要的人生机遇。而这种错过和失败感也会反过来加重焦虑感，甚至导致抑郁。渐渐地，焦虑患者可能会失去对生活的期待，开始怀疑人生的意义。

所以，当你感觉到焦虑时，不妨先放松下来，去做一次大汗淋漓的运动，享受一次按摩，听一段舒缓浪漫的音乐，找二三好友聊聊天。如果情况严重，要及时寻求心理咨询师的帮助。千万不要不当回事，任由焦虑耗尽我们的意志，盗走我们心底的每一寸阳光。

焦虑的隐蔽性

焦虑不是突然发生的

它只是惯于隐蔽，容易被人忽视而已

　　焦虑有时会悄然而至，如同一只潜藏在暗处的猫咪，在你毫无察觉的时候，悄无声息地潜入你的心房。然后，在不经意间给你重重一击，令你溃不成军，无力抵抗。

　　这就是焦虑的狡猾之处，它的隐蔽性让你难以捉摸，防不胜防。

小雪罹患焦虑症已经有五年了。按照她的说法，她的焦虑症并不是一下子就有的。

早在高三时，她就曾因为学习压力太大而经常失眠，只不过高考结束之后，失眠的情况就消失了。小雪也就没把这件事放在心上。

再后来，经历实习、面试和考研，她又开始整晚地失眠。但是，小雪认为这或许只是自己的"特点"，反正之前都是压力过后症状也就消失了。所以，她依然没有重视。

殊不知，住在心里的那只焦虑猫在她尚未察觉之时已经悄悄长大。

直到研究生一年级入学，她被确诊为焦虑症，小雪此时才明白，之前的很多次失眠不过是焦虑症在隐忍和积累而已。现在，经过数年的酝酿，焦虑猫变得躁动不安，焦虑症开始汹涌爆发了！

确诊后的她陷入了情绪的恶性循环中，她无法理解自己的情绪，甚至无法控制自己的身体，这让她更加焦虑和恐慌。

最严重时，小雪选择寻求专业的心理治疗。经过艰难的疗愈，小雪的状态开始一点点地改善和恢复。

在这个过程中，小雪才对焦虑症有了更深入的了解。

焦虑也会躲猫猫——焦虑症具有很强的隐蔽性。

焦虑症在初期症状不明显，这只调皮的小猫常常躲在暗处，偶尔出来作威作福。焦虑发作后，随着压力源的消失，相关症状也会很快消失，使人们误以为一切恢复如常，没有察觉出问题的存在。然而，由于没有及时调整和治疗，这种焦虑的思维模式和反应已经形成，症状隐而未发，并未彻底消除。

焦虑猫在偷偷长大——焦虑具有累积性。

即便外在的症状消失，未经疏导的焦虑心理和情绪仍会在内心不断累积。不要被焦虑猫的暂时安静所迷惑，它并没有变得乖顺，而是在暗处伺机而动。很多人都有过在面临重大事情时感到紧张焦虑的体验，这种感觉并不会随着事情的结束而随风飘散，而是在内心深处开始了积少成多的过程。如果我们不能及时处理，就可能引发更为严重的焦虑症状。所以，对于焦虑心理，我们不能掉以轻心，而应该及时寻求纾解和帮助。

进击的焦虑猫——焦虑在被自我提醒后会加剧。

简单来说，如果我们没有意识到自己正在经历焦虑，情况可能还好一些，一旦明白自己的某些症状或者行为其实是罹患了焦虑症，心理负担就会骤然加重，导致我们更加担忧和焦虑，焦虑也会因为这种反复的暗示和提醒而变得越来越严重。所以，要小心焦虑猫在你意识到它的存在时偷偷升级，变得越来越难以驯服。

"饥饿"的焦虑猫——焦虑具有消耗性。

高度、持续地焦虑使人的身心一直处于紧张和不安的状态，而这种高度紧张和不安，会让焦虑猫不断消耗人的精神和能量。久而久之，就会给人的身心造成强烈的不适感，甚至还有诱发抑郁症的风险。

"膨胀"的焦虑猫——焦虑具有扩散、泛化性。

焦虑猫有不可小觑的"膨胀"能力。起初，引发焦虑的可能只是某件具体的小事，但如果焦虑没有得到及时排解，焦虑情绪就会扩散、蔓延到生活中的方方面面，甚至会让人变得"风声鹤唳"，犹如"惊弓之鸟"，难以维持正常的生活和社交。

小雪的经历完全符合焦虑症的几个特征，核心也都是因为在出现焦虑情绪之后，没有及时识别和处理，导致焦虑症状越来越严重，直到必须接受专业治疗才能缓解。

因此，对于焦虑情绪，我们必须要提高警惕。一旦发现压力大、不对劲，就应当及时寻求疏导，绝不能任其隐蔽和累积下去，否则，只会让焦虑情绪越来越难以控制。

那么，要如何识别焦虑情绪呢？

除前述焦虑的相关表现外，下面一些行为表现也属于隐性焦虑症的信号：

1. 老是心情沉闷，不敢也不愿意和他人沟通、表达自己的真实想法，害怕给他人添麻烦；

2. 受到委屈时不敢表达或反抗，而常常偷偷地哭泣；

3. 喜欢把自己的欲望合理化地强加在他人身上；

4. 喜欢反向输出或表达自己的情绪和心意，如明明很喜欢某件商品，却偏要对别人说"这个东西也就一般般了，不值这个价格"；

5. 喜欢回避现实和问题，"吃不到葡萄就说葡萄酸"；

6. 习惯将敌意转嫁给他人，如在工作中受了气，回家后将气撒在亲人身上等；

7. 常常用"哭闹"或者"放纵"的手段来解决问题，如酗酒等；

8. 容易受到惊吓；

9. 犹豫不决；

10. 习惯性地贬低自己；

11. 消极想法非常多，较为悲观；

12. 喜欢过度思考过去的对话；

13. 多次出现失眠、冒汗、紧张、头痛等身体症状。

……

总之，只要我们有意识地、细心地、体贴地观察和处理自己的心理和行为状态，就可以发现那只隐藏在内心深处的焦虑猫！

为什么越努力越焦虑

你明明很努力，又为什么焦虑

焦虑是对未来与未知的不确定性使然

越努力越焦虑，是很多人的生活常态。

有这样一群人，他们出没于各种"打卡群"，购买各式各样的课程和专栏，做出精细的规划表格以进行时间管理。然而，即便付出了这么多努力，还是消除不了他们内心的焦虑与迷茫。

不努力焦虑，努力也焦虑。

周日晚综合征，也是焦虑的一种常见表现。网上投票显示，在"周日晚上是否感到焦虑"这个问题上，绝大多数人给出了肯定的答案，比例之高令人震惊。

"天一黑，心里就像被按下了一个开关，开始莫名烦躁。"

"明天又要假装阳光积极了，好累。"

"周日反而比周一更让人感到失落，好像风雨欲来，焦虑得像烧热了的锅。"

"太可怕了，眼睛一闭一睁，周一就来了。"

更夸张的是，很多人的"病症"表现得十分具体，比如失眠、食欲不振、恶心，甚至拉肚子。有些极度焦虑的人从周日早上起床就开始感到不适。他们的脑海中总会跳出一个问题："人，为什么要工作？"

我相信，很多人看到这里都会会心一笑。因为这种情况在年轻人中实在不罕见。尤其是到了周日下午，他们会不自觉地想起上周五未完成的工作，想到周一需要处理的事情，以致还没到周一，他们就开始焦虑了。

这种焦虑主要源于对未知事物的恐惧和不可控。根据世界卫生组织（WHO）2019年公布的数据统计，中国"泛抑郁"的人群已经超过了9500万，并且有不断年轻化的趋势。这样的内心煎熬，几乎每一个在一二线城市努力打拼的年轻人都深有体会。

如何消解这样的情绪？不妨试试以下方法。

1. 改变意志驱动。

一条"咸鱼"是不会受到"努力焦虑"的困扰的，反而是对自我要求越高的人越容易感到焦虑。而问题的关键在于，这样的努力究竟是意志驱动还是兴趣驱动。

两者的区别是，前者令人感到压力和痛苦，后者让人感受到收获和安宁。

举个例子，一个想要养成早起习惯的人，如果是意志驱动，就可能会被迫在各种群里"打卡"，不断给自己灌输健康积极的生活理念，但其内心却充满抵触情绪。如果是兴趣驱动，就会乐于体验和享受每天早晨宁静的世界。

体育锻炼是这样，阅读是这样，努力工作也是这样。

2. 人人如此，不必在意。

当我们发现焦虑是每个人都可能会有的情绪时，也就不那么纠结了。

主持人撒贝宁在一档综艺节目中坦言，自己有时也会感到焦虑。即便是光鲜亮丽的明星、主播，也在备受焦虑的困扰，承受着竞争的压力。同样，企业家、创业者也无法摆脱这样的困境。

既然这是一种大多数人都会面临的处境，那么我们或许可以更加平和地看待焦虑，学会与焦虑共处。

3. 降低期待值。

所有的失望，都源于期待过高。比如我们期待的生日礼物是一部手机，结果收到的却是一束鲜花，这种落差感可能会让我们感到失望。

在这个浮躁的社会，人们仿佛已经忘记如何慢下来。而过于着急，必然会产生焦虑。

有期待是好事，它如一盏明灯，照亮我们前行的路，激发我们对某件事情的热情和干劲。但期待值不宜过高，它必须设定在合理的范围内，符合我们自身的实际情况和能力，才能稳步向前，起到正向效果。

4. 做一个长期主义者。

想要慢下来，就要找到真正有价值和有意义的事。当你找到自己所做事情的意义，潜心在该领域深耕，愿意把自己的目标周期放宽到三年、五年，甚至七年，就有极大概率有所成就。而在努力耕耘的这段时间里，你也会感受到充实。

5. 懂得自我接纳、自我肯定和自我爱护。

提高自我认知，接纳不完美的自己，正视自己的价值，提高自尊水平。当我们建立起足够强大的自尊时，就能够以平和的心态接受一切变化，坦然面对一切未知，化解内心的焦虑。通过这种自我关怀和理解，让自己的心宁静下来，不被外界的纷扰所打搅。

PART 2

焦虑源头：
这只喵星人究竟来自哪里

一切焦虑孕育于认知偏差

> 我们听到、看到的可能只是很小的一部分
> 却因将其视为全部而深感焦虑

你有没有想过,我们对很多事物的认知可能都存在某种程度的偏差?

这种认知上的偏差,正是孕育焦虑的温床。

上网冲浪,看到某报道说现在的人均可支配收入已经达到五万元甚至接近十万元,想想自己可支配的

余额/信用卡，焦虑感如潮水般涌上心头，内心的那只猫咪瞬间挥起了不安的小爪子。

浏览微博，看到很多人都是生活富裕、有房有车、四处旅游、无忧无虑，于是在自己的想象里，身边人都成了隐藏的富翁，有着不错的收入，过着闲适快乐的生活。只有自己每天还在发愁下个月的花呗怎么还，什么时候才能攒钱买套房……真是越想越令人焦虑。

……

以上这些情形，你是不是感觉似曾相识？可是，这些让你感到焦虑的事情，真的是事实的全部吗？

有数据显示，在中国，有十亿人口的月平均收入不超过两千元，十二亿的人口月平均收入不超过三千元。看到这样的数据，你还会因为月薪六千元的工作而自卑、焦虑吗？

再说微博。人们只是习惯在外人面前展示自己美好的一面，让别人觉得自己衣食无忧，生活富有情趣，以满足自己或多或少的虚荣心。而真相可能是，很多喜欢晒豪车、豪宅的人，背地里是和我们一样的普通人，甚至是早已贷款一大堆，或是伪装成富豪的商业骗子。

……

由此可见，焦虑源于盲目的比较，或者说认知的偏差。我们所听到、看到的往往只是一小部分，却将其认定为全部，从而进行了错误的判断和比较，使自己陷入焦虑的状态中。美国知名心理治疗师珍妮弗·香农在其著作《跳出猴子思维：如何打破内心焦虑、恐惧和担忧的无限循环》中，就焦虑的成因、特征和应对方式提出了十分重要的论述。

在香农看来,焦虑的产生常常源于两种认知偏差:一是会高估事情对自己的威胁,这种过度担心使他们感到惶恐不安;二是会低估自己对威胁的应对能力,认为麻烦事远远超出了自己的掌控范围,自己无力解决,只能放弃追逐梦想和成功,放弃努力。

那么,什么是"猴子思维"呢?先哲们将人类的内心比喻为一只猴子,忧虑始终盘绕心间,就好比猴子一直在跳来跳去、闹腾不已,而香农就把焦虑之人的思维模式称为"猴子思维"。有着"猴子思维"、常常陷入焦虑状态的人,具有如下特征:

1. 难以忍受不确定性。

生活中一旦存在不确定的因素,他们的内心就会感觉不踏实。只有当所有事情都能得到百分百的确定，才能获得生活和心灵的安宁。

2. 凡事追求完美。

力求每件事都能做到完美，希望每时每刻都展现出自己绝佳的状态。一旦遭遇不完美的境遇，哪怕是一个小小的失误，都会引发他们的焦虑和不安。

3. 对事情过度负责。

这类人过度关心身边的人和事，对孩子、配偶甚至父母、兄弟姐妹都感到不放心，喜欢事无巨细地帮他人打点好一切。他们总想要掌控他人，认为自己对身边人的安全和幸福都负有责任。这种过度的责任心，会使他们时刻紧绷神经，无法轻装前行。

拥有这些特征的人，思维上更容易产生认知的偏差。比如身体稍微不舒服，就容易幻想自己得了不治之症；某件小事没有做到完美，就会过度自责，认为自己什么都做不好；或者认为孩子一定不能独立生活，时时刻刻都要掌握孩子的动向等。而这些认知偏差，就是造成他们焦虑且越来越焦虑的主要原因。

想要转变这种思维，缓解认知偏差带来的焦虑感，可以尝试采取相反的思维方式，以促使改变发生，即接受和认可生活中的不确定性以及自己的不完美，允许自己犯点儿错，在关心和对他人负责之前，先关心自己，对自己负责。

自然，改变自己习以为常的思维方式不是一蹴而就的，本书在后面的章节里也会提出更加具体、具有操作性的建议，供读者尝试和练习。

情绪与自我的对立与拉扯

> 最令人焦虑的是焦虑本身
>
> 焦虑的本质是尚未整合的自我冲突

你是不是曾有过因为和自己较劲，而陷入不安的时候？内心的焦虑猫咪展开攻击时，会将自己抓伤。

焦虑的人常常陷入一种拧巴的状态，他们习惯将自己与内心的焦虑情绪对立，努力想要摆脱那份不安，却又往往适得其反，深陷焦虑的沼泽，无法自拔，每天在焦虑情绪中自我拉扯，状态越来越糟。他们越渴望挣脱，就把自己绑得越紧。

为什么会这样呢？

精神分析理论认为，焦虑是一种消极的情绪体验，这种情绪包含了紧张、忧虑、不安、惊恐、焦急等多种情感成分。焦虑的根源在于人格的不适应状态，表现是自我在处理现实、本我和超我的关系时所陷入的一种软弱的状态。

自我、本我、超我的概念，最早由著名的心理学家弗洛伊德提出。弗洛伊德是二十世纪最有影响力的心理学家之一，也是精神分析学的创始人。他的研究理论，为我们理解复杂的人类心理提供了一个独特的视角。

本我，代表了思维的原始程序、潜意识里的思想。

在人格结构上，本我是基础，自我和超我都是依赖本我而发展的。本我是人与生俱来的最本能、最原始的欲望和冲动，如性欲、饥饿、生气等。本我遵循"快乐原则"，不在乎社会规则，而注重生物性需求、欲望的满足，会本能地趋利避害，避免痛苦和不快乐。

自我和本我不同，自我属于人格的心理组成部分，它遵循社会的规则，因而对本我的快乐原则进行了压抑。自我时刻提醒本我，尊重规则，避免无序行为。

超我，受道德原则的支配，回避禁忌，是个人维持道德感的重要因素/组成。它在抑制本我的冲动，对自我进行监督的同时，追求完善的境界，就像是一个英明神武的大好人，引导个体保持正当行为。

本我、自我和超我构成了完整的人格体系。心理学家认为，和人有关的一切心理活动，都可以从三者之间的联系中找到合理的解释。

随着本我的不断发展，人渐渐学会区分自己的思想和外界的思想。自我就负责调节这两种思想的矛盾，如利用延迟满足技巧，平衡本我的即时冲动等。而超我通常和本我是对立的，因此会使得自我经常陷入左右为难的境地。而自我又是永久存在的，为了维护心理平衡，自我必须不断调节和协调本我和超我的矛盾。

当个体面对现实生活的茫然，不知道下一步该往哪里去，下一步该做什么的时候，一向深谋远虑的超我就会发出担忧：以后该怎么办呢？未来挣不到钱，没饭吃会不会饿死？这个项目如果失败了，别人看不起我怎么办？到底要怎么抉择呢？

于是，忧心忡忡的超我开始向本我和自我发出提醒：得赶快做点儿什么解决未来的忧虑啊！

但是，只追求即时满足的本我却说：想那么多干什么？现在高兴就行了。

超我一听：都火烧眉毛了，还说我想得多？

超我和本我吵架，负责居中协调的自我便开始产生了"焦虑"。

可以说，焦虑在本质上就是没有整合好自我冲突而使内心失去了秩序。

这种由自我冲突导致的焦虑，可以细分为以下三种：

一是自我和现实的冲突引发的现实焦虑。

这种焦虑的来源往往是非常具体、明确的。比如，年终总结时，发现没有完成年初制定的目标；快要考试了，却发现自己还有很多知识点没有来得及复习等。这种都是自我在察觉到外界的威胁后，通过产生不安、紧张等情绪来提醒我们，要未雨绸缪，为接下来要发生的事情做准备。这种焦虑一般情况下是正常的，也是有益的。

二是自我和本我的冲突引发的神经质焦虑。

这种焦虑是由现实的焦虑发展而来的，起源于自我对本我的失控。一些常见的恐惧症状都是神经质焦虑的体现。如有的人害怕幽闭的地方，其他人可能很难理解，只是一个空间而已，有那么可怕吗？

其实，对这些人来说，令其恐惧的并非某个空间本身，而是在那种环境下，他们会因无法逃离而感觉恐慌、焦虑，出现心慌、气短的情况，甚至可能会晕倒。为了避免这种失控，他们迫切渴望远离这样的地方。久而久之,这种想法不断被强化,只要碰到幽闭的空间,自我就通过产生焦虑来提醒、迫使个体尽快离开,以免陷入失控的状态。

三是自我和超我的冲突引发的道德焦虑。

这种焦虑类似于一种良心上的谴责,那些有着道德洁癖,或者秉持道德完美主义者在自我意识到其想法或某些行为不符合道德标准时,就会产生焦虑。这种焦虑也是一把双刃剑,它的存在可以帮助我们成为一个善良的人,但如果超我设置的道德准则过高,也会给自我带来许多不必要的内耗。

总之,人的这种自我的对立和拉扯创造了焦虑。

不过,当个人所承受的来自本我、超我和外界压力过于强大而出现焦虑时,自我的心理防卫机制也会逐渐启动。压抑、替代和拒绝等都是我们天生就掌握的一些可以对付焦虑的方法。

　　了解了这一点,我们就会明白,想要解决这种自我拉扯带来的焦虑和内耗,关键在于直面本我和超我的冲突。因此,多给自己一些平静独处的时间,去思考如何消除自我与现实的差距。通过平静地与自己相处,重新审视内心深处的混乱,并对内心的冲突加以组织和协调,从而获得人生和心灵的自洽。

停止喂养焦虑

焦虑为什么会变得越来越严重

消除焦虑,首先要停止喂养焦虑

　　适度的焦虑是我们前进的动力,但问题在于,一旦焦虑形成,很多人会不自觉地为其注入养分,直到这只焦虑猫越来越胖,开始骑到主人头上作威作福,我们才意识到焦虑的严重性。

　　与动物有了食物才能生存一样,焦虑也需要养分才能够持续生长。所以，想要消除和控制焦虑，就要学会停止喂养焦虑。

那么，我们靠什么喂养了焦虑呢？答案是内心的恐惧、自卑、失望、愤怒和疲惫。这些都是令焦虑猫垂涎三尺的"美食"。

以父母送孩子上学为例，有时候孩子晚了一些，喜欢喂养焦虑的父母会有什么样的反应呢？

他们会迅速在脑海里幻想出一个故事，在这个故事里，孩子的拖沓成了一种长期行为，未来也会如此，需要父母不断催促，这种想象让他们焦虑不安。在他们的内心世界里，当下的情绪和情境被无限放大，焦虑值也迅速膨胀。即便当时父母没有对孩子表现出来，但他们内心却承受了巨大的焦虑情绪。

从这里可以观察到，喜欢喂养焦虑的人，思维具有明显的"未来倾向",无法活在当下。这种思维模式更容易让他们受到焦虑的侵扰,影响生活的质量。

除此之外,以下几种常见的行为也是喂养焦虑的表现。

1. 喜欢自我批评。

比如,当你在某次竞争中落选,你会为此责怪自己,认为自己没有达到内心的预期。但你忽略了一个重要的事实,在众多优秀的候选人中,一次提拔也可能是基于能力之外的因素,如运气、时机等。

所以,当我们的努力没有获得预想的结果时,大多数时候可能都不是你的错。过度的自我批评不仅无益于解决问题,反而会喂养焦虑,让我们做事时更为困难。试着以宽容理解的心态看待自己不完美的一面,从中汲取教训,更好地前行。

2. 对一切都感到焦虑。

喜欢喂养焦虑的人总是对"一切"都感到焦虑。他们习惯于将问题堆积、累积在一起后进行模糊化处理，这种处理方式致使问题越积越多，内心也越来越焦虑。

对此，我们需要明白，生活本就喜欢在我们感到平静的时候给人以更多的挑战，这是生活的常态。接受这一事实后，我们要做的就是积极行动。将问题逐一罗列，从最容易引发焦虑的问题入手，将大问题拆解成小问题，这样不仅能够帮助我们快速解决问题，每解决一个小问题还能够给人带来一点儿成就感，从而有效减轻焦虑。

3. 爱往最坏的情况去思考。

这是最常见的一种喂养焦虑的思考模式，即人们常常对其他可能发生的积极场景视若无睹,而不自觉地担忧、关注可能发生的最坏结果。哪怕在旁人看来,这种最坏结果发生的概率非常低,甚至永远都不会发生,但他们依然会陷入焦虑的旋涡。

要知道,很多你认为迫在眉睫、无可避免的事,其实不过是我们大脑的过度想象,并非真正的威胁。

因此,与其担心未知的结果,不如行动起来,制定一些合理的预防措施,帮助我们转移注意力,将关注点放在那些我们可以掌控的事情上。

4. 将自我价值建立在成功水平上。

那些容易焦虑的人,常常错误地认为自己的价值是基于自己的成功程度,仿佛只有不断追求成功,才能够证明自我价值。他们像仓鼠一样,在轮子上无休止地奔跑,追逐一个又一个的目标。而每一次的成功或者失败，都会对他们自我价值的认知造成极大的震荡，焦虑程度也会暴增。

将自我价值和成功联系在一起，本身就是在喂养焦虑。

人的价值并非取决于外在的容貌、学历、体魄或收入等，而是源于我们身为人的本质。人性中，最为关键且不容忽视的部分，便是自我价值。

追求学位、想要升职加薪并没有错，努力也是自我成长的一部分，但不应该将它们看作衡量自我价值的唯一标准。只有正视自我价值的存在意义，才能够真正超越焦虑，化解焦虑。

5. 很难做出决定。

爱喂养焦虑的人，在面对需要做出决策的事情时，常常感觉举步维艰。在他们眼里，决策好似最终局，一旦做出，就不可逆转，没有退路可言。对决策后果的担忧，让他们难以迈出前行的步伐。

事实上，很多决定都是可逆的。对这份工作不满意，你可以换下一份工作；对这个房子不满意，你可以寻找下一个更好的住处；和朋友、伴侣的价值观不同，那就代表着对方不适合你，你可以潇洒地离开，寻找和你契合的伙伴。

当然，每一个决定的背后的确伴随着责任和潜在的后果，但这不是我们逃避决策的借口。拒绝做出决策和做出错误的决策，两者带来的后果一样令人难以承受。所以，与其焦虑后果，不如多花点儿时间收集信息，通过充分的信息来帮助自己做出明智的决定。同时，提醒自己，无论面对怎样的岔路口，我们都有改变方向的能力和机会，这样可以帮助我们减轻心理压力,而不是强迫自己做出一个"完美"的决定。

总之,想要有效预防焦虑症,就必须在日常生活中调整自己的思维模式,养成积极的生活方式。避免长时间久坐,适当增加运动时间,听听音乐等。只要我们不再主动喂养焦虑,就可以将其控制在适度的范围内,降低焦虑对我们生活的影响,拥抱更平和、更健康的自己。

找到内心的缺口

> 焦虑擅长"钻空子"
> 做个心理强大的人才能让它发怵!

我们经常觉得焦虑主要来自外在的事物,但实际上,焦虑的根源大多深植于我们内心扭曲的、错误的认知模式。这些认知模式导致我们对现实世界进行了不切实际的评估和解读。而这些认知的形成,很大一部分来自我们的童年经历。在这些经历里,我们可能会形成认知偏差，导致思维模式的歪曲，从而在发生一些事情的时候使我们产生错误的理解和判断，出现焦虑的情绪。

相信很多人都有这样的认知：

随着年龄的增长，越来越能感觉到，童年时期那些未被看到和满足的需求，如同一颗隐形的种子，在我们成长的道路上悄然生根，塑造了我们性格中不那么积极的一面。例如自卑、敏感、自我怀疑、胆小怕事等。这种感觉有时清晰明显，有时模糊难辨。尤其是当自己的经济能力和精神世界都不够稳定和丰富时，更容易胡思乱想。内心的缺口似乎难以愈合，不经意间就会在头脑中一遍遍播放童年时期受到的某些伤害，甚至会将他人的错误归结于自己，毫无缘由地感到焦虑、困惑、迷茫。

这些都让我们明白，要想化解焦虑，必须要审视和疗愈自己的内心。我们应该勇敢面对过往不好的回忆，用爱去填补内心的缺口，不给焦虑可乘之机。

内心的缺口得不到填充，就可能引发多种与之紧密相关的心理模式，进而影响个体的行为表现和情绪体验。

模式一：只关注消极的那一方面。

安然生活在一个严谨而又充满期望的家庭环境中，父母对她寄予厚望，事事要求她做到最好。这种成长经历让她在之后的每一步都走得小心翼翼，生怕出错。

安然大学毕业后，成为一家公司的活动策划人。一次活动结束后，领导鼓励大家畅所欲言，为活动提意见。同事们发散思路，给出了一些富有建设性的小建议。安然频频点头，一一记录在本子上。在此之后，她却陷入极度的焦虑之中，开始怀疑自己的工作能力，甚至认为自己难以胜任这个职位。她回忆起幼时父母对自己的要求，那些"不够好"的评价像是一把利剑，刺穿了她的心。

事实上，安然是个很优秀的活动策划人，很受领导的器重。然而，焦虑却使安然陷入了消极思维模式。她只看到事情消极的一面，忽略了其中的转机和值得赞扬的地方。她害怕被批评，这种恐惧让她无法专心解决问题，反倒变得悲观起来。

其实，失败也是成长的一部分。更何况，受时间的限制，活动策划本身就是一个充满挑战的领域，即使再出色的策划师也很难做到十全十美，有需要改进的地方很正常。面对不足和挑战，我们应该学着从积极的角度看待问题，不要一味沉浸在消极情绪中。只有如此，我们才能够从不足中吸取教训，取得进步。

模式二：非黑即白，没有灰色地带。

晴天是个害羞、腼腆的女孩，她虽然参加了很多社交活动，但是却没有和任何人成为真正意义上的朋友。

她与人交往时总是过于敏感，一旦发现对方一点儿瑕疵，就会在脑海里反复放大这些细节，因此感到焦虑。久而久之，她渐渐忽略了人与人之间交往的温度，变得非常容易因为一些小事对别人做出价值判断。

在她的世界里，事情仿佛总是非黑即白，没有过渡地带。她看不到事情的复杂性、多面性。这种思维方式让她在人际交往中总是感到不安和困扰。

模式三：把一切看作一场灾难。

茜茜的肚子疼了三天，这让她忧心忡忡，难以入眠。在她的成长过程中，父母对她过度保护，每当她有点儿不适，父母就表现的极度紧张，这也影响了她的思维方式，习惯夸大事情的严重性。

这种思维模式让她觉得自己一定是生了什么病。她在网上查到的信息越多，她感觉就越糟糕，变得越悲观。当她最终决定去看医生的时候，她确信自己只有几个月的生命了。

但经过检查，医生告诉她，她只是患上了肠易激综合征，这是一种常见的由焦虑引起的健康问题。之后，她开始接受焦虑症治疗，很快她的症状就消失了。

这便是典型的灾难化思维，倾向于把一切事情都看作灾难，或者基于最小的征候做出最坏的假设。这种思维方式不仅让人承受不必要的担忧和恐惧，还会影响人的身心健康。

模式四：只凭自己的感受做判断。

丽丽每次考完试，心情都非常糟糕，担心自己会考试不及格，这也致使她精神高度紧张，无法放松下来。但事实上，她的表现一直不错。那么，丽丽的这种焦虑来自哪里呢？回溯丽丽的成长经历，可以发现一些端倪。丽丽的学习成绩一直是名列前茅，唯一的一次失利是两年前的期中考试，她因为身体不舒服而没有发挥好，成绩略微有些后退。这给丽丽留下了很深的心理阴影，之后每次遇到考试，她总是焦虑万分，总感觉自己没有发挥好。在父母的沟通和引导下，她才明白，考完试心情不好，并不意味着成绩不好；一次考砸也不意味着次次考砸。

很多时候，我们的焦虑情绪并非源于当下，而可能是由于过去的一些不愉快的经历造成的。这些不愉快的回忆犹如一把枷锁，束缚着我们的身心，让我们在类似情境面前变得敏感和脆弱。好比丽丽，每次考试，她总能想到那次失利的经历，就会变得异常紧张和焦虑。

所以，学会正视过去，区分当下的感受和事实之间的关系，不要让过去的不愉快影响我们当下的判断。

模式五：不能做到完美的事，就不值得去做。

井先生是一名文案高手，自幼对文学就非常钟爱和敏感。他坚信，文案贵在精准、出圈，要和品牌相得益彰。如果做不到，写出来的文案也就毫无意义。

然而，在他的职业生涯中，几乎没有项目能够如他所愿。他太着急，期望太高，以致在现实中屡屡受挫。结果，他总是对自己失望，做什么事都提不起兴致。

其实，很多焦虑者都有完美主义情结。在他们看来，做不到完美的事情，就不值得去做，但这种心理模式是完全错误的。因为在这个世界上，没有什么东西是真正完美的。即便如此，每件事情也有其独特的价值和意义。我们应该学着接受这种不完美，接受人生赐予的遗憾。

以上五种心理模式会让我们陷入思维怪圈。我们无法挣脱，所以才产生了焦虑情绪。

在他们身上，你是否捕捉到了自己的影子？或许你在井先生的身上看到了自己对完美的追求，也许你在安然的故事中看到了那个害怕被批评的自己。他们的经历和思维模式犹如一面镜子，映照出我们不安的内心。

但不要担心，即使看到了也没有关系。这些思维模式都是可以通过后天努力而改变的。只要我们树立信心，相信自己有能力改变这些不健康的思维模式，努力成为一个心理强大的人，填补内心的缺口，我们就能真正成为情绪的主人。

喵呜~

PART 3

正视焦虑:
它不讨喜,但并不可怕

再厉害的人也会焦虑

> 焦虑感是每个人都会有的
> 厉害的人只是更善于消解焦虑而非不会感到焦虑

"我这么焦虑,肯定是因为我不够强大,那些厉害的人,什么都可以做得很好,他们就不会像我一样焦虑。"

很多焦虑者都会有这样的想法,将自己的焦虑一概归因为自身还"不够强大",因此更加排斥自己的焦虑情绪，仿佛焦虑是一个可耻的弱点。而越是排斥，焦虑就越难以消散。在焦虑者看来，真正厉害的人是不会有焦虑情绪的，他们做事游刃有余，处变不惊，具有章法，只有像他们一样，才能摆脱焦虑。

但事实真是如此吗？只有弱者才会焦虑吗？

当然不是。每个人的心底都居住着一只焦虑猫，即使是强者也无法彻底摆脱焦虑带来的困扰。

欧内斯特·米勒尔·海明威是美国二十世纪最著名的小说家之一，一生中获奖无数。他不仅在第一次世界大战中被授予银质勇敢勋章，1953年，其《老人与海》一书还荣获普利策奖，1954年，该书又荣获诺贝尔文学奖。2001年，其作品《太阳照常升起》和《永别了，武器》被美国现代图书馆列入了"二十世纪一百部最佳英文小说"名单中。这样一位以"文坛硬汉"著称，堪称"美利坚民族精神丰碑"的人物，却于1961年7月2日，在爱达荷州凯彻姆的家里，使用猎枪自杀身亡。

对于海明威的自杀，坊间一直流传着其死于抑郁症或人格障碍等各种猜测，直到其好友、剧作家艾伦·爱德华·霍奇纳在英国《每日邮报》中披露，海明威其实是死于美国联邦调查局（FBI）之手，因为该机构怀疑海明威与当时古巴的领导人卡斯特罗有往来，于是安排了特工频繁对海明威进行跟踪和窃听，这种行为使得海明威焦虑不已，以致心理崩溃而自杀。

可见，再厉害、再强大的人，都无法杜绝焦虑的产生。

因此，对于焦虑，我们首先要接受一个普遍事实：每个人都会经历焦虑。焦虑并非异常，它只是一种正常的反应和情绪，关键在于我们如何对待它。只要我们及时、妥善地控制和调整焦虑情绪，就可以摆脱焦虑带来的负面影响，使焦虑化为我们进步的动力。焦虑，可以是一个良性的鞭策，激发我们的潜力和效能。

而那些真正厉害的人，并非因为他们没有焦虑，而是因为他们内心坚韧。当焦虑来袭时，他们选择做焦虑的主人，用智慧和勇气去驾驭它，而不是任由焦虑情绪蔓延、控制自己。正如李嘉诚所言："要克服生活的焦虑和沮丧，得先学会做自己的主人。"

怎么样才能做焦虑的主人呢？

1. 调整自己的个人预期。

首先，我们应当接受自己没有想象中那么优秀，甚至没有自己认为的那样勤奋。如果别人比我们做得好，令我们感到焦虑，我们要做的是及时反思自身，努力迎头赶上，而不是如祥林嫂一般怨天尤人。

其次，承认这个世界有一定的运气成分存在。想通了这一点，就不会总是抱怨和奢求绝对的公平，高喊着付出就一定有回报。

最后，明白困难和挫折只是成长和进步的一部分。

尽己所能地追求最好的结果，同时做好心理准备，坦然接受最坏的结果。即便争取不到好的结果，世界末日也不会来临，我们仍可以选择其他的努力目标或生存方式。千万不能因为几次失败或打击就一蹶不振。

记住：笑到最后的才是真正的赢家。

2. 尝试开诚布公地表达。

有的时候，人的很大一部分情绪来源于对未知的焦虑，这种焦虑大多只是人们自寻烦恼罢了。如果能够开诚布公地表达自己的想法，或者勇于求证某件事情，问题就会变得简单许多，能够免去过度的情绪内耗。

比如，在某次绩效考核中，领导给自己的打分远远低于自己的预期，正确的做法不是心怀抱怨、愤愤不平地想着要不要辞职或者揣测领导对自己是否有什么成见，而是直接去找领导，就这次打分的标准进行开诚布公的交流。

当然，开诚布公的交流并不是要去质疑对方、埋怨对方，做无意义的比较，而是抱着学习的态度，希望对方指出自己需要进步的地方，为自己提出改进的方向。

3. 学会辩证地看待问题。

同样的一件事情,在不同的人眼里,可能样貌完全不同。这是人与人之间认知的差异造成的。

比如,同样是新人,老板给了一个比较难的项目,悲观的人会认为是老板故意刁难自己,所以安排一个难的项目逼自己走人,也会因为缺乏经验和信心而感到焦虑。但乐观的人却会为老板能够信任、赏识自己的能力,为给自己机会和挑战而感到高兴,所以他们不但不会焦虑,还会因此充满斗志。

看,同样的机会,放在不同的人面前,有人看到了未来和挑战,有的人却只能看到现状和挫折。局限于自己的认知,陷入悲观、焦虑的人,稍微碰到点儿困难和挫折就自我否定的人,很难成为焦虑的主人,在职场上也很难晋升。

因此，想要摆脱焦虑，最根本的还是要改变和提升我们的认知层次。认知提升了，我们才能够从容面对生活的挑战和不确定性，才能主宰自己的情绪，做焦虑的主人，让焦虑成为我们人生路上的动力源泉。

化解焦虑的攻击力

焦虑的攻击指向内和外

主动化解才能及时止损

对现代人来讲,焦虑似乎成了心里的常住客。在压力重重的环境里,为生活忙碌奔波的人又怎能完全摆脱焦虑的纠缠呢?我们或许已经接受了焦虑是生活的一部分,但也需要警惕并化解焦虑的攻击力。因为还是有很多人无法控制这只猫咪,时不时受到它的纠缠和攻击。

来听听一位焦虑者的自白："有天晚上，我无意间看到老公的手机里有一条异性发来的关心短信，于是找他理论。虽然他解释了，但我还是不相信，觉得他肯定有外遇了。有几次我给他打电话他都没有接，一定是和别的女人约会去了。是我不够好吗？还是他对我厌倦了？为此我们俩经常吵架、冷战，我甚至还想和他离婚！"

焦虑确实有这种神奇的力量，会让人对生活中的小事做出灾难化的判断，并信以为真。这种持续的惶恐和不安，不仅会打乱我们内心的平静，甚至还可能激发我们的攻击倾向。

什么是攻击倾向？为什么我们总是焦虑、恐惧，攻击自己和别人呢？

攻击倾向是准备对他人发起攻击的心理特征，是存在于人格中对他人产生攻击行为的意图，即潜在性攻击。

它是一种本能，在得不到合理的控制和宣泄的情况下就表现为攻击行为。

这种攻击性会带来什么后果呢？

研究表明，长期处在过度焦虑状态的人，他们的攻击性不仅体现在与人交往中的暴躁、易怒、对别人斤斤计较等行为上，还会使他们产生严重的内耗，自我怀疑，甚至会威胁到他们的身心健康。

处于焦虑中的人，会无意识地把攻击性的心理能量转向自身。自己在受到攻击后就会感觉不适，为了缓解这种不适，他们会向自身倾注更多的攻击性心理能量，试图平复内心的动荡。然而，这种做法进一步加剧了心理上的不适感,形成越是挣脱越感觉被束缚的恶性循环。

比如,一个人在工作中遇到了困难,他感到有压力,开始焦虑。在焦虑的影响下,他开始怀疑自己的能力,觉得自己不够好。自我否定和质疑使他将攻击性能量转向自己,认为自己是问题的根源。为了缓解这种感觉,他可能会更努力地工作,试图以此证明自己。而这种做法往往只能导致他感到更加挫败和疲乏,无法平静下来客观看待问题,不仅不能解决问题,反倒加剧了心理上的不适感。

这类人经常会有"为什么我会说这些""我不够好""我是一个糟糕的朋友""为什么我不能控制自己的情绪呢""我做不好""我在浪费时间"等诸如此类的想法,陷入无限的自我攻击中去……

在心理学中，有一个非常著名的"踢猫效应"：一位父亲在公司遭到了老板的批评，心里很烦躁，回到家后，把在家里捣蛋的孩子臭骂了一顿；孩子莫名其妙地挨了骂，心里不舒服，为了发泄自己的情绪，他踢了身边打滚儿的猫一脚；猫跑到街上，迎面而来的卡车为了躲避，撞伤了路边的一个孩子。

在日常生活中，你是否也有过类似的体验？在你焦虑或者受挫，内心处于愤怒状态时，会有一种想要攻击或伤害身边事物的冲动（虽然不一定要表现出来），这就是焦虑情绪对外释放的攻击力。

不仅如此，焦虑情绪的攻击力还影响着我们的生命健康。长期的焦虑如同一场没有硝烟的战争，一点点侵蚀着我们的免疫系统，使其变得脆弱不堪，毫无招架之力。而那些被压抑在潜意识里的情绪如果没有得到及时的释放和处理，就会在身体里累积，引发身体紧绷、酸痛以及其他阻塞的现象。长久下来会导致内伤、细胞病变或其他疾病。

焦虑让人的身体进入干烧空铁壶的状态，一点点消磨掉人的心力，让人的身体变得疲惫不堪。

总之，焦虑不仅有对外的攻击性，还会对我们的身心健康产生威胁。

那么，怎么做才能化解焦虑的攻击力呢？

妙招一：找到攻击的源头。

过度批判自我，并不会给自己带来真正的鞭策，反而会让我们越来越不知所措。为了走出这种困境，我们首先需要做的是找到攻击模式的最初源头，然后对症下药。

有的人之所以习惯自我责备和攻击，可能是因为从小到大他们就处于一种被责备的环境中。比如，当你考得不好时，父母和老师就会责怪你，让你产生羞耻感。这种模式会渐渐地在你的人格中内化，成为自我认知的一部分。长大后，如果有一件事没有做好或受挫，就很容易攻击这个感到羞耻的自己，让自己再次沉浸在痛苦的体验中。这种自我攻击的源头就来自童年创伤，我们需要做的是疗愈内在小孩，让他得到安慰，放下一切无助和攻击。这是一场持久的拉锯战，需要我们用耐心和勇气来应对。但也只有通过这样的方式，真正释放自己，才能甩开那些束缚我们的旧有模式，找回内心的力量。

妙招二：正视自己的需求。

焦虑的来源之一即需求未被满足。有时候人之所以焦虑，并带有对内或对外的攻击性，可能是由于我们的需求没有得到自己或者他人的重视和满足，因此才导致了心理的空缺和不足。这时，我们需要做的就是自我接纳，正视自己的需求，比如被关心的需求，被人认可的需求等。每种需求都是我们内心最真挚的呼唤，反映着我们的意愿和期待。

正视自己的需求，并学着表达自己的需求，寻求满足的途径。同时，我们也要练习即便需求没有得到满足，也要拥有内心平和的能力。如此，我们才能摆脱焦虑的困扰，寻求健康的心态。

妙招三：合理宣泄，管理情绪。

当焦虑猫上蹿下跳，让你不得安宁时，最重要的是不要压制它。因为长期压抑情绪，那些被你拒绝、逃避的情绪慢慢累积在一起，最终突破情绪的阈值，以更加猛烈和具有破坏性的方式爆发出来，给你带来更大的困扰。

因此，合理宣泄情绪很重要。找到适合自己的宣泄方式，比如跑步、运动、放声大喊、唱歌等。另外，要学会管理情绪，理解和接纳自己的情绪，理性思考和控制自己的行动。当然，这很难，所以刚开始的时候我们可以从简单的步骤做起：当发现自己无法控制的焦虑情绪要释放出攻击性时，我们先努力让自己停下来，深呼吸，什么都不想，慢慢控制自己的情绪。通过这样的练习和尝试，就能慢慢学会和情绪和平相处。

妙招四：寻求帮助，获得安全感。

安全感缺失也会使我们产生焦虑情绪。那些长期得不到关爱和照顾的小孩，会下意识地觉得自己不够好，产生自我攻击行为。因此，要学会主动寻求信赖之人的帮助，这个人可以是家人、朋友，也可以是咨询师、老师等。与他们积极沟通，感受他们的关心、理解和帮助，获得安全感，化解自己的焦虑情绪和攻击倾向。

化解焦虑带来的攻击力的关键在于对焦虑情绪的管理，但是这并非一朝一夕的事，需要我们持续坚持和锻炼。及时复盘我们的情绪反应，总结经验教训，才能够战胜攻击倾向，活出充满正能量的人生。

找到正确的控制方式

焦虑的解决需要正确的应对思维
盲目挣脱，只会让焦虑愈演愈烈

当焦虑猫肆无忌惮地搅扰你的内心，甚至向你发起攻击时，大多数人的第一反应是拼命反抗、挣脱，这反而会让这只猫咪更加不安分，攻击力更强。这是为什么？

因为你控制它的方式错了。

一位智者看到死神向一座城市走去，通过对话，智者得知：死神将要带走城市中的100个人。于是，智者抢在死神之前到达了城市，并提醒他遇到的每一个人死神的到来。结果第二天，死神带走了1000个人。智者质问死神，死神却说："是焦虑带走了其他那些人。"

可见，焦虑是如同死神般的存在。面对焦虑，我们必须寻找有效的挣脱方式，用正确的方法去抚平焦虑，否则，只会惹怒焦虑猫，让问题变得越来越糟。

下面是人们在应对焦虑时常犯的一些错误。

错误一：相信自己可以独自摆脱焦虑。

遇到问题寻找出路是人们的惯性思维，人们也总是倾向于自己独自解决问题。但是对于身处焦虑状态的人来说，焦虑本身犹如一片迷雾重重的迷宫。越是努力思考摆脱焦虑的方法，反倒越容易加重焦虑，在迷宫中徘徊，失去前行的方向，甚至迷失自我，难以挣脱。

应对锦囊：列出自己的选择。

列出自己的选择，把所有可能性梳理清楚，让自己的亲人朋友参与其中，帮助我们消除一些过于焦虑的想法与不合适的选择。我们有了清晰的空间与视角，才能在众多选择中做出最佳的决定。

错误二：暂停生活中的其他事情，只关注让人产生焦虑的事情。

被焦虑困扰的我们会产生一种无法摆脱的紧迫感，这种紧迫感催促着我们把注意力全部用在应对焦虑上，而忽略了生活中的其他事务。一旦让焦虑占据我们大部分的生活精力，问题不仅无法得到解决，反而如滚雪球般越滚越大,生活也会变得一团糟。

应对锦囊:继续自己的生活。

继续经营自己的生活,继续着手自己想做的事情,投资自己,投资未来,维持人际关系,让自己获得足够的满足感、自信心,这对焦虑来说就是最好的打击。

错误三:只相信外部力量,不相信自己。

人们在面对焦虑时,往往会过度依赖外部的力量,如朋友的开导、医学的治疗,相信外部治愈力量,却往往忽略了一个重要的事实:我们自身的主观情绪会影响焦虑的状态。如果内心始终充斥着消极情绪,不信任自己,那么不管外界如何努力,都很难摆脱焦虑的困扰。

应对锦囊:提高自我效能感。

无论身处何种困境，都要相信自己的能力，坚信自己能够战胜困难。尤其是在焦虑面前，要提高自我效能感，坚持科学导向，学会正确归因。只有充满自信心，才有足够的勇气和资本面对焦虑。

错误四：批评自己，反应过度。

生活中，人们总是会关注一些细枝末节，并主观推断出某种可能的结果。然而，一旦证明这个结果是错误的，又会转过头来责备自己的愚蠢，过度批评自己。如此反复，焦虑情绪便会产生。

应对锦囊：树立正确的自我认知，注重自我肯定。

没有人是完美的，无论如何，人总会犯错。不要太过苛责自己，不要过度强调自己的错误，多看看自己的优点和长处，积极评价自我。通过培养积极的思维方式和正确的自我认知，减少焦虑的产生，让生活更加轻松。

错误五：认为没有焦虑情绪，生活会更好。

埃德蒙·伯恩和洛娜·加拉诺在《应对焦虑》一书中提到，人们常常陷入一种扭曲的思维方式，认为没有情绪上的焦虑，我们的生活将会变得更好。但是这种思维方式存在因果关系的错误。焦虑本身并不会限制我们的生活，生活从来都是取决于我们自己的心态和行动。没有焦虑的生活并不等于完美的生活，而即使生活中存在焦虑，也不代表着它会被焦虑摧毁。

应对锦囊：克服错误思维方式带来的焦虑。

不适感是开始有意义生活的必经之路。我们所追求的生活，需要我们付出努力，而这种努力绝非以消除焦虑为唯一前提。一个充实的人生，充满了目标、成就、爱与奇迹，这些并不是只有摆脱焦虑才能实现的。生活的美好，从来不受焦虑的约束。只要我们形成正确的思维方式，就没有什么能够阻止我们追求美好生活。即使带着焦虑，只要我们保持积极的心态，也能让生活遍地开花。

一项心理学调查表明，科技的进步与发展，虽然提高了我们的生活舒适度，但也给人们带来了各种情绪问题和心理疾病，这方面的患病率也显著上升。

在当今的快节奏生活下，鸡毛蒜皮的小事也会让我们暴跳如雷、情绪崩溃。每个人好像都绷着一根弦，焦虑无处不在，使我们无法慢下来、静下来。

其实，焦虑是人类与生俱来的情感反应，适当的焦虑情绪是正常的。我们要注意的是防止自己长期陷入焦虑的状态，努力降低患上焦虑症的风险。

总的来说，应对焦虑的最好方法是转变思维、转移注意力。停止错误的思维方式，加强锻炼、培养爱好、简化生活，体验令人愉悦的事情。如此我们才能正视焦虑，直面问题，这样，我们才能真正地凌驾于焦虑之上，拥抱自由的生活。

如果你感觉自己很糟

常常感觉自己很糟糕

这其实是焦虑在作祟

我们身处一个焦虑的时代,"焦虑"一词无处不在,容貌焦虑、学历焦虑、身材焦虑、资本焦虑……"焦虑"已经成为人们自我调侃、自我怀疑的口头禅。

我们讨厌不安分的焦虑猫,讨厌它扰乱我们内心的秩序,在与它纠缠的过程中也会不自觉地认为自己很糟糕，甚至间歇性地陷入消极情绪，讨厌自己、厌倦生活。

焦虑的我们为什么会怀疑自己、审视自己，认为自己糟糕极了呢？

首先，在我们的主观认知中，焦虑本身就是一种负面情绪。

"不合理的""破坏性的""厌烦的"，这些对焦虑的评价映射着人们对焦虑的抗拒，即使焦虑是每个人都有的情绪。

事实上，在达尔文的《人和动物的感情表达》一书中我们可以了解到，愤怒、恐惧、焦虑等情绪是人们生产的工具，它不仅能够保护人类成长，还能够提供信息让人们提前做好准备。因此，不必因为焦虑的存在而怀疑自己，焦虑也有积极的一面。

其次，焦虑会让我们过分在意外界的评价。

关注别人的看法，将会成为别人的奴隶。

外界的声音有时并非是善意的，来自外界的评头论足也不应成为束缚我们的枷锁，困在由别人看法所筑起的牢笼里，本身就是一种悲哀，"在乎他人的意见胜过在乎自己的"更是一种痛苦。同时，人越是在危急的时候，越容易丧失对信息的判断能力。

相反，我们应当谨记大卫·福斯特·华莱士在《无尽的玩笑》中的名言："当你认识到别人很少想到你之后，你就不怎么关心别人怎么看你了。"

拒绝评价、拒绝焦虑、拒绝胡思乱想，自由的钥匙攥在自己手中，做好自己才是生活的根本。

再次，在不断与他人的比较中丢失自信心，焦虑的同时也让自己感到糟糕。

"与别人比较,是悲惨生活的开始。"

"生活中的许多烦恼,都源于我们盲目和别人攀比。"

"人生中 80% 的烦恼,都来自比较。谁更好看、谁更有钱、谁有车有房、谁的社会地位高……"

"将自己的生活摆在一个不断与人比较的困境中,是一种痛苦,更是一种悲剧。"

我们过得幸福与否,其实与他人无关,把眼光放在自己身上,享受自己的人生,把握自己的节奏,才能在自己的生活中如鱼得水、幸福自足。如果处处与人比较,生活将会是一地鸡毛。

最后,无法应对生活中的各种压力,也会感觉自己很糟糕。

生活中的各种压力是焦虑的来源,也是认为自己糟糕的感受的来源。当一个能够消除生活中的全部压力的按钮摆在我们面前时，到底是否应该全力按下？没有压力的人生真的会幸福吗？

EMOTION期刊曾对两万多名不同年龄段的人做过一项调查，结果显示，没有压力的人或许会有更高的幸福感，但他们的认知功能却不如有压力的群体。适当的压力甚至有益于大脑的健康。

我们要正确看待压力。压力只是外界投射在我们内心的影子，它本身并非实质性的负担，如果我们过度关注与担忧它，就很容易深陷其中，无法自拔。实际上，压力并非坏事，"扛不住的才是压力，扛得住的就是成长"，把压力转化为动力，把目光投向前方，才是正确的应对方法。

正如丹麦的一位哲学家所说，谁学会了以正确的方式对待焦虑，谁就掌握了人生的终极奥义。那么，到底如何摆脱焦虑带来的这种糟糕感觉呢？

最重要的是要学会与焦虑好好相处，以正确的方式应对焦虑，学会"使用"焦虑，实现良性循环。

良性的焦虑循环分为三个步骤：倾听、利用、放手。倾听让我们了解焦虑的内容，正视自己的恐惧和不安；利用在焦虑中寻找到的信息，激发内动力；放手无意义的焦虑，摆脱无用的干扰。通过这三个步骤，我们才能达到"使用"焦虑的目的，才能让焦虑与我们和谐共生。

不可否认，焦虑会让我们难受、痛苦、不安、恐惧，会让我们觉得自己糟糕透顶。但只要停止臆想，停止无意义的焦虑，我们就能与焦虑成为盟友，创造属于自己的价值，而这种价值也会让我们不再迷茫，不再自我怀疑，不再感到糟糕。无论是考试失利、投标失败，还是容貌不完美、身材不完美，我们终会逐渐接受自己、放过自己，与自己和解，成为自己生活的主角。

PART 4

焦虑特征:
它的各种情绪化的样子

生气猫：躲开，请留神

焦虑与生气如同一枚硬币的两面
相辅相成，相互依存

你是个容易生气的人吗？

在非洲草原，生活着一群吸血蝙蝠，它们会叮在野马的腿上吸食血液。奇怪的是，尽管这些蝙蝠吸食的血量并不多，但被它们吸食血液的野马却有不少会死去。后来人们才知道，令野马死去的罪魁祸首并不是这些蝙蝠，而是被蝙蝠烦扰后暴怒、狂奔的野马自己。这种奇特的现象，我们称之为"野马结局"。

其实，"野马结局"也是很多人的现状和写照。生气猫在我们的生活中从不缺席。

对焦虑来说，生气是最好的面纱。

人们在面对威胁时，往往会处于一种"焦虑不安"的状态，生气同样也会导致这种状态的产生。生活中有太多的事情达不到我们的心理预期，无论是不尽如人意的工作，还是恰好错过的公交车，这些令人难以接受的结果都可能会引发我们的焦虑和生气。

值得注意的是，焦虑与生气可以说是一枚"情感硬币"的两面，生气是焦虑的表现之一，它们之间相辅相成，相互依存。

愤怒是焦虑情绪的一种表现形式，并非解决问题的途径。愤怒可能会给我们带来短暂的解脱感，但焦虑的根源并没有消失。当我们深陷愤怒时，内心的焦虑也被暂时遮蔽，这导致我们往往忽略了愤怒与焦虑的联系，而正是因为愤怒掩盖了焦虑，才让我们在不知不觉中积累了更多的焦虑，直到它爆发，我们才恍然大悟。

生气于我们而言，有百害而无一利。

都说"气大伤身"，人身体得的病，很多都是气出来的。毫无疑问，生气只能给我们带来伤害。

生气时我们会下意识地进入一种"作战状态"，在这种状态下，我们的大脑会变得非常敏感，失去了对周围人准确的认知，无法理性、清晰地思考。此时，我们的愤怒情绪就成为我们主动走向过分焦虑的起点。生气是一种具有破坏性的负面情绪，会破坏我们内心的平静。

心理学中有一个很出名的判断,叫费斯汀格法则。这个法则指出:生活的 10% 是由发生在你身上的事情组成的,另外的 90% 则取决于你在面对这些事情时的反应。如果你心态稳定,就会万事顺遂;如果你总是生气、愤怒,无法释怀,事情就会越搞越糟。

如果我们试图用愤怒来逃避生活中的不愉快,它就会让我们变得偏激、冲动、鲁莽、不理智,愤怒的我们也容易产生极端的想法,甚至做出极端的行为。类似的悲剧早已屡见不鲜,比如,因为乘客和司机产生争执而引发的交通事故已经不知道有多少起了!

所以,生气不但不能解决问题,还会恶化焦虑情绪。对于焦虑的我们来说,控制好自己的脾气、少生气,才是应对焦虑的正确法门。

1. 主动寻找舒缓放松的方法。

爱默生说："每生气1分钟，60秒的幸福就会离我们而去。"想要控制好脾气，就要主动寻找适合自己的放松方法，及时舒缓自己的情绪。从放缓呼吸开始，去做能让你静下心来的事情，比如练字、画画、读书、跑步等，让时间来慢慢抚慰自己。

2. 通过观察思考转移注意力。

暂时把精力从令你焦虑的事情上转移开，将其放在周围美好的事物上，发现生活中的"小确幸"。去听、去闻、去触碰，去观察生活、思考人生。当你不再关注已经发生的事情，也许就不会生气了。

3. 采取行动前先考虑后果。

随时扪心自问，你的行动真的能够让事情变好吗？你的所作所为你能承担后果吗？如果你还没法儿做到心平气和地去面对,那迟些再面对也无妨。

4. 重新定义自己的生活态度。

有一个小故事,寒山和拾得都是有名的诗僧,有一次,寒山受人欺辱,十分气愤,便问拾得如何对待他人的诽谤、轻贱之语。拾得回答只需忍让、回避、敬而远之,再待几年,他人会有自己的报应。这种做法其实就是转换思考角度。转换思考角度不是欺软怕硬,而是让自己不必多计较外在的得失,不受外在环境的影响,调整自己的生活态度,保持良好的心态,焦虑自然也就少了。

5. 把重点放在解决问题上。

在问题面前,我们要重点关心如何高效地解决问题,而不是为自己或者别人的愚蠢而生气、愤怒。问题解决了,愤怒的情绪也会荡然无存。

日出东海，又落西山，怒是一天，喜也是一天。要知道，盛怒之下，没有赢家，气在心里，伤在身体，得不偿失，因小失大，最后只会剩一地鸡毛。

托马斯·杰斐逊说过："当你感到生气时，就在开口前默数到十；如果依旧很愤怒，那就数到一百。"

愤怒是一个回旋镖，当你利用愤怒来躲避不愉快的焦虑情绪时，当你以为自己只是发脾气而并不焦虑时，现实就会给你一个惨痛的教训。所以，请善待自己，胸怀宽广，少生气，多在意自己。

惊恐猫：乖，摸摸头

> 保持积极心态
> 事物的发展，自有它的规律

艾佳是一名幼儿教师，在父母的安排下，她认识了保险推销员张波。在鲜花与温情的告白中，艾佳逐渐对张波爱得死心塌地。张波每天雷打不动地按时接送艾佳上下班，晚上一起吃饭、看电影，隔三岔五地还会给艾佳的父母买点儿小礼物。

然而三个月之后的某一天，张波对艾佳提出了分手，且删除了艾佳及其亲友的联系方式。三个月的甜蜜时光让艾佳及其父母对张波深信不疑，以至于从张波那里购买了多份保险。艾佳心里很难受，她去保险公司询问，得到的答复是张波已经离职了。

艾佳很想哭，可就是哭不出来。刚开始，她每天还能照常上下班，可坚持了一个月左右，整个人的情绪就非常糟糕了。尤其是站在幼儿园门口接送学生时，看着熙熙攘攘的人群，她内心经常会莫名感到一阵恐慌，严重时甚至站都站不稳。

她去医院做了一系列的检查后，医生有了判断——惊恐发作。

其实，艾佳的这种心理上的脆弱感，并不是遇到张波后才产生的。艾佳的父亲是一名列车司机，母亲是列车员。为了让孩子有相对稳定的生活，艾佳父母将她留给了姥姥照顾，直到初中二年级时艾佳才回到父母的身边，但之后她与父母也是聚少离多。在这样的成长环境下，艾佳内心极度敏感缺爱，缺乏安全感。

张波的突然消失勾起了她过去的记忆，焦虑感、不安全感加重，当她置身于家长群体面前时，总觉得有人在用异样的眼光看着她：看呀，她被男朋友抛弃了，她不值得被爱。这种猜疑一旦加重，就很容易引发惊恐心理。

通过科学治疗，艾佳的惊恐心理逐渐缓解，一段时间后，艾佳走出了内心的阴霾，重拾对生活的信心和勇气。

当惊恐发作时，我们如何自救呢？

1. 学会觉察，找到诱因。

我们要学会觉察，惊恐发作时，内心的焦虑属于哪一种状况？是什么事情或者什么声音，扰乱了我们静如止水的心？找到了影响生理及心理状态的因素，识别出压力来源，就可以"对症下药"了。

2. 改变可能导致焦虑和惊恐发作的生活方式。

长期熬夜、过度疲劳等不良的生活方式都有可能引起惊恐发作，改变不良的生活方式尤为重要。所以，平时要养成定期锻炼、规律饮食、按时作息的习惯，减少惊恐发作的频率。

3. 控制惊恐发作。

都说活到老学到老，尤其是那些能够运用于生活的理念、意识、方法等。我们要学习控制和消除惊恐发作的技巧，只有掌握了方法和技巧，才能够控制自己的言行和情绪。比如可以通过放慢呼吸、转移注意力的方式来应对惊恐发作，或者是勇敢直面惊恐发作，并记录下自己的真实体验。通过不断地尝试和调整，就能够找到适合我们自己的控制方法，使我们在人生路上走得更加从容和自信。

想飞猫：谁没有梦到过翅膀呢

> 空想是焦虑的温床
>
> 持续行动，才是一切的解药

缥缈的梦想坠落后会成为焦虑猫的催化剂，让它迅速膨胀，破坏力更强，并向那个始终在原地踏步的你，伸出锋利的爪子。

一天下午，张晶偶遇大学同学朔玟。

五年未见，朔玟几乎没有什么变化，俊俏的脸上始终洋溢着阳光般的笑。

两人找了一家咖啡厅坐下。朔玟告诉张晶，大学毕业之后，她一直在出版社工作，现在已经是一个编室的负责人，手里有几个当红的作者。

张晶羡慕地看着她，说道："真佩服你，竟然在一个行业待了这么久。我已经换了三份工作了，但直到现在我都觉得不是自己想要的。"

朔玟一边搅拌着咖啡，一边说："刚开始的时候，我也总觉得工作和想象中的不一样。在我的想象里，出版行业应该像电视剧里演的那样，每天打扮得光鲜亮丽，接触的都是大作家、大明星，动不动就有百万册的销量，时不时地参加个行业聚会、颁奖典礼什么的。现实和想象的落差太大，导致我前两年总是摇摆不定，东想西想，感觉自己入错了行。那段时间非常痛苦，很焦虑，头发大把地掉，整夜整夜地失眠。"朔玟喝了口咖啡，继续说，"后来我想通了。即便电视剧里演的是真的，那也是需要行动和积累的。光凭想象，这样的生活永远不会落在我身上。于是，我静下心来，考了出版行业的资格证，向有经验的老编辑学习，也不再乱想一些有的没的，才慢慢走到了今天。路嘛，就是这么一步步走出来的。"

前几年的朔玟之所以会焦虑，是因为她想象中的出版行业和现实差距过大，又只一味地空想，没有付诸行动。幸好，她最后放下了徒劳的空想，踏踏实实充实自己，持续学习，最终完成了蜕变。

即使前进的速度很慢，但是只要持续行动，总能到达终点。如果只是空想而没有任何的计划和动作，梦想就永远不可能实现。

一只想飞的猫，心里装着广阔天空，当然不会甘于平庸。但是，梦想如果只是空想，就是焦虑的温床。最关键的是持续行动，这才是一切的解药。

电影《中国合伙人》中有句台词说得很好：

"年轻的时候，不该什么都不想，也不能想太多，想得太多会毁了你……"

与其在原地担心和犹豫，还不如勇敢迈出第一步，然后一切都会变得简单和明朗。

只有持续行动才能解除焦虑。有梦想就行动，行动后就去坚持，愿每一个有梦想的人都能找到属于自己的路。

低落猫：为它找到藏身之处

焦虑的我们总是会产生低落的情绪
收拾好自己的低落，是治疗焦虑的良药

你会经常感到情绪低落吗？感冒发烧、情感矛盾、工作不顺……这些都是情绪低落的来源。在这种心理状态下，我们很容易感到沮丧、无助、消极，觉得生活失去了乐趣，不再抱有希望。而这也进一步助长了焦虑的火焰。

面对生活中的挫折会陷入一种焦虑痛苦的状态，这是正常的心理反应，一般不会持续太长时间，也不会影响我们的日常活动。但是，如果不及时调节，任由自己长时间陷入情绪低落中，则会对我们产生极大的伤害。

比如，长时间的情绪低落会增加患上抑郁症的风险。患有抑郁症的人不仅精神上消极、内心痛苦，还会影响身体健康。对他们来说，甚至吃饭时的每一次咀嚼和吞咽都是负担。很多人都忽略了一点——抑郁症其实就是从长久的情绪低落、无限的孤独无助开始的。

长时间的情绪低落除了会导致抑郁症，还会带来内分泌失调、失眠、焦虑等不良症状，使人患上甲状腺疾病、肺部疾病等。情绪低落的危害，远超你的想象。

因此，面对低落的情绪，一定要提高警惕，及时止损。

远离情绪低落，可以从以下几个方面着手。

1. 制造快乐。

快乐是什么？快乐是生活中的点点滴滴，是藏在我们身边的小美好。现实生活中，心里那些说不清、道不明的心绪总会让人迷茫、低落。对此，我们不妨直接对症下药，让快乐填充我们的生活，夺走我们的注意力。比如，喜欢日出的绚丽色彩，就去看日出；喜欢大海的水天一色，就去看大海；或者去吃好久没吃过的美食，去见好久没见的心上人。追风赶月，热烈且坚定，永远是针对低落的特效药，是治疗焦虑的良方。

2. 自我欣赏。

学会自我欣赏是人生的必修选项。"我今天真的好漂亮。""我今天的穿搭很完美。""我做的饭好好吃。""我的眼光真不错。"……肯定自己、欣赏自己是治疗情绪低落的良药。夜来香的盛开是为了取悦自己,我们也当如此,学会自我和解,忘记烦恼,自我欣赏,自我成全。

3. 释放情绪。

弦绷得太紧就会断,释放情绪正是为了让我们的精神得到放松。心情低落时,不妨试试语言暗示法、动作暗示法和情境暗示法。语言暗示法是指通过大声朗诵、唱歌等方式释放自己的情绪。动作暗示法是指采用深呼吸、摇摆身体、散步等动作来释放低落的情绪。情境暗示法是指换一个环境来刺激情绪,比如去旅行。情绪低落、焦虑的我们要学会时刻保持钝感力，做情绪的主人，这将是我们面对"敌人"时最大的底气。

4. 看淡得失。

我们都听过塞翁失马的故事，生活就是这样，总是在边获得边失去中走下去的。一个人不可能拥有所有的好事，但也不会被塞满不幸之事。常言道，人生不如意之事十有八九。看淡得失，只看一二，不想八九，才能在绝望中邂逅美景，才会远离情绪低落，自在生活。

5. 独立生存。

宫崎骏曾说："不要轻易去依赖一个人，它会成为你的习惯，当分别来临，你失去的不是某个人，而是你精神的支柱，无论何时何地，都要学会独立行走。"每个人都是独立的个人，清醒而独立才能立于不败之地。女强人董明珠的故事是对此最好的诠释。在丈夫去世、突遭变故后，她咬牙坚持，独自撑起了一个家，最终从一名基层员工走到了董事长的位置。面对记者的提问，她表示，自己的成功源于她敢于独立，敢于承担后果。

我们应该明白，真正的强大源于内心的独立和勇气。有时候，情绪低落的背后是对自己的不满和对未来的迷茫。所以，不如就此打起精神，去找一份薪水可观的工作，掌握一门谋生的技能吧。只有拥有处世的资本，才有面对焦虑的勇气。

6. 珍惜当下。

沈从文说："我们相爱一生，但一生还是太短。"一生很短，更别提沿途的风景还有被错过的可能。生活被低落的情绪填满,不仅会让我们错过太阳,也会错过繁星。只有珍惜当下,珍惜每一分每一秒,积极生活,拒绝情绪低落,才是对自己最大的温柔。

每一种情绪的存在都是有原因的,它的背后是我们心中的追求,与其把情绪低落当成敌人,不如把它当成信使,去识别这种情绪的根源,去挖掘它、瓦解它,让焦虑也无处依存。

一个人如果能妥善安放自己的低落,那它就能胜过国王,因此,请对情绪低落大声说"不"!

成长猫：长大都要付出代价

焦虑

是成长最大的代价

小时候的我们，扎着羊角辫，穿着大花袄，觉得自己是世界的主角，盼望着长大，永远没有烦恼。长大后才发现，烦恼和焦虑是我们长大所付出的最大代价。

在我们的意识里，"长大"是指个子的增高、年龄的增长。但长大哪有这么简单？在长大的这条路上，我们始终都在不停地经历接受。我们接受了知识灌溉，接受了品德熏陶，也接受了情绪的百般滋味。而随着见识越多、经历越多，我们逐渐被数不尽的烦恼所困扰，焦虑也开始跟随着我们，可能是学业焦虑，可能是容貌焦虑，可能是工作焦虑……

焦虑是我们走进成人世界大门的钥匙，这把"钥匙"给我们的未来带来了哪些作用和影响呢？

一方面，焦虑是成长必须服用的"胶囊"，它推动我们主动面对生活中的困难。一位著名的心理学家提出：有焦虑，就有动力。他认为，焦虑是人格内正在激战。持续的"战争"能够帮助我们找到最终的解决方法，"不战而降"反而会导致负面情绪的爆发。可见，焦虑也是我们成长的"导师"，是我们主动改善处境的动力，是生活前进的助推力。

另一方面，焦虑会给长大带来一些"副作用"，让成长变得痛苦。焦虑本身是一种情绪状态，可能是害怕、低落、紧张、脆弱……过度的焦虑会瓦解一个人的意志，摧毁生活的希望，这也是为什么有越来越多的人患上了焦虑症。除了精神上可能带来的负面影响，它对我们的身体也有很大的危害，比如会造成长期的失眠，影响身体的健康发育，增加癌症的发病率，甚至提高死亡的可能性。

对成为大人的我们来说，学会妥善安置自己的焦虑，是人生顺利前行的通行证。

1. 直视焦虑是成长的必修课。

人的本性就是趋利避害。面对焦虑时，这种本性驱使着人们下意识地想要躲避，因为焦虑常常伴随着紧张和烦恼，成为我们成长路上的绊脚石。尤其是在我们急于成长的阶段，常常想凭借自己有限的知识去解释未知的领域，结果却因为受到各种条条框框的束缚，导致生活越来越僵化，无法灵活应对挑战。这种僵化不仅增加了我们的烦恼，更让我们陷入了无处安放的焦虑之中。因此，只有直视焦虑，正确认识自我，才能超越自我，活出更高的境界。

2. 让焦虑成为我们成长的跳板。

有时与焦虑相伴的是对生活的希望，在这种情况下，学会利用焦虑是最有效的应对方式。利用焦虑，包括三步：第一，主动辨别焦虑背后的原因，并将其设为下一阶段的目标；第二，分解目标，拉长战线；第三，制订详细的行动计划。举个例子，当你拿到一项有难度的工作时，首先需要确定项目的难点在哪里，其次进行目标分解，最后制订解决计划，逐一攻克。

3. 主动控制焦虑的"度"，让成长的烦恼最小化。

当你感到焦虑已经成为威胁时，就不得不去学习控制、缓解它。焦虑像一只难以掌控的古怪小猫，控制焦虑需要多种方法并行，比如进行人际关系的断舍离，远离让自己焦虑的人际关系；进行强制性的时间管理，完成每一项待办事务；清空自己的大脑，给自己独处的时间；定时运动、散步，发泄自己的情绪等。

4. 学会质疑焦虑。

焦虑是我们对未来的猜想，我们总会一不小心就把它当成了现实。如果你分些注意力给你的大脑就会发现，它正是"虚假新闻"的制造者，是我们的大脑存在偏见，才导致我们不相信自己的能力。但我们可以用辩证的眼光看待焦虑，质疑它的可能性，问问自己，我焦虑的事情发生的概率有多少？这样的猜想有依据吗？它曾经发生过吗？经过这样的质疑，焦虑对人的影响也将会降低。

5. 接受现状。

太多的焦虑来自对自己没有一个清晰的认知，要么好高骛远，要么妄自菲薄，这是很令人悲哀的。因此，学会关注当下、接受现状才是应对焦虑的特效药，拥抱未知、放下对未来的焦虑，接受生活中的不确定性，接受自己的不完美。要知道我们不是每次都能赶上最后一趟公交，不是每一次都能完美完成工作。没有人能预知未来，当我们完全生活在当下，焦虑就不复存在了。

所谓长大，不只意味着年龄的增长，它带给我们更多的是生活"赠予"的焦虑，但是，长大后的剧本依旧握在我们自己手里，我们要学习的，是和焦虑一起慢慢成长。

害怕猫：抱抱它，不会被咬

> 每一次歇斯底里的背后
> 都是对一个大大的拥抱的渴望

每个人内心的焦虑猫，都有它害怕面对的存在，它可能是动物，可能是植物，可能是真实的，可能是虚构的。恐惧是我们内心的选择，是我们每个人都具有的一种情感体验。当你不得不去触碰它、解决它时，焦虑猫会变得不安，这种状态又加剧了你内心的恐惧，让你在原地踌躇不前，身陷泥沼。

害怕其实是焦虑的特征之一，越害怕、越焦虑，反之亦然。

为什么在直面某些事情时，我们会感到害怕、恐惧呢？

有一个典型的例子，父母当着孩子的面吵架时，会让依赖父母的孩子感到害怕，因为对孩子来说，这完全超出了他的认知能力，因而孩子会缺乏安全感，产生恐惧。

即，从本质上来讲，害怕是来自不安全的环境、事件或者不安全感。

一个人的安全感，来自对自己和对周围事物的认知。如果你不相信自己的能力，你会害怕处理这件事；如果你对这件事知之甚少，未知也会带来恐惧。

不确定的情形就好比一个放大器,它把我们内心的恐惧放大了,就像有人因为准备不充分而害怕考试,有人因为担心器械安全而害怕蹦极。不安全感、不自信……种种心理皆折射着害怕的情绪。

凡事皆有两面性,害怕的情绪也是一把双刃剑,它有积极的一面,也有消极的一面。

在动物的世界里,恐惧使它们随时保持警惕,因为它们要生存、要竞争,只有保持警惕才能避免成为其他动物的口粮。由此可见,恐惧是有积极影响的。

对我们而言,恐惧也能够驱动我们养成一些良好的习惯,甚至突破自己。比如害怕过马路,所以小心观察来往车辆;害怕长蛀牙而坚持刷牙;害怕考试不及格而努力复习、用心备考;害怕演讲不流利而反复练习等。正是恐惧让我们规避了风险、不停地努力，在某种程度上，可以说害怕也成了一种自我保护机制。

但恐惧也会给我们带来很多负面影响。比如，有一种疾病叫"恐惧症"。它是指患者在面对一些事物或情景时会产生强烈的恐惧和焦虑，即使他们的理智知道自己不会受伤害，但心理上也无法阻止这种莫名情绪的出现和蔓延。患有恐惧症的人会有紧张不安、心慌出汗、尿频尿急、头晕恶心、四肢无力等反应，严重者甚至会影响正常的活动。由此可见，过度的害怕情绪，会让我们深陷痛苦，被恐惧支配，影响我们的身体健康，也会影响我们的生活。

因为害怕而感到焦虑时，我们应该怎么缓解呢？

1. 培养安全感是克服恐惧的"法宝"。

恐惧的来源是我们内心的不安全感，克服恐惧就要提高我们内心的安全感,减少生活中的不确定性。最可怕的从来不是恐惧本身,而是我们心中的未知。因此,多学习、多锻炼,培养特长、提高技能,化恐惧为前进的动力,并保持自信的状态,积极面对即将到来的挑战。

2. 降低控制欲是缓解恐惧的"锦囊"。

控制欲往往来源于我们内心的恐惧,那些控制欲强的人,总是想要牢牢掌控生活中的方方面面。他们害怕失控,畏惧未知,然而,人生就好比手里的细沙,越是想要紧紧抓住,反而流失得越快,过度的控制通常更容易导致真正的失控。就好比我们经常听到的那句老话,强弓易折,弓拉得过满就容易折断。所以,面对恐惧一定要克制自己的控制欲,去习惯未知,及时纠正不合理的心理活动。只有这样,我们才能纾解心理负担，让自己在紧张的生活中找到平衡，做到张弛有度，从容不迫地面对一切挑战和未知，实现内心的和谐与满足。

3. 系统脱敏是应对恐惧的"灵丹"。

系统脱敏法是指建立恐怖的等级层次，进行放松训练。在放松的情况下，按某一恐怖的等级层次进行脱敏治疗，通过系统脱敏来帮助我们免疫所恐惧的事情。这就好比马克·吐温所说，勇敢是对恐惧的抵抗，对恐惧的掌控，而不是不恐惧。因此，去大胆做一些让自己害怕的事情吧。比如，你害怕水，那么在保证安全的前提下，你可以先从浅水区开始练习，让自己适应水里的环境，然后循序渐进地往深水区迈进。这不仅能够帮助你克服对水的恐惧，还能够享受游泳的乐趣。

4. 放低过高的自尊心是面对恐惧的"武器"。

自尊心过强的人往往会过分在意外界的评价,以致会恐惧他人的眼光。别人一句不经意的点评,可能就会加重这一方面的恐惧心理。因此,我们应该适度放下过高的自尊心,对自己、对生活有一个全面清晰的认知。停止强化内心的恐惧,迈向内心平和之路。

5. 重塑认知是对抗恐惧的"妙药"。

通过打破和重塑认知,可以改变我们某些扭曲的想法,让自己拥有一种新的方式和内心的负面情绪对话,并拆解那些对话。比如当你想到"我真的很差劲",那么不妨问问自己,主语"我"究竟指的什么,是你的容貌、学习、家庭都很差劲,还是其他什么?你为什么会得出"差劲"的结论?你的依据是什么?弄明白这些问题之后就去调查、去实践,从生活入手,你会发现,那些不好的结论,并不真的与事实相符。

史铁生曾在文章中写道:"把路想象得越是坎坷就越是害怕,把山想象得越是险峻就越会胆怯。"一切增加恐惧的因素都会阻碍我们拥抱美好生活,而一切加强信心和勇气的因素,则是我们拥抱美好生活的关键。恐惧是焦虑的情绪化表现,但也是摆脱焦虑的关键。停止焦虑,直面恐惧,想方设法去打败它,将这当成一场探险之旅,你会发现,宝藏就在旅途的终点。

对抗猫：猫咪不是故意的

> 在焦虑的刺激下，我们爆发的对抗情绪
> 实际是自我保护的一种手段

在某种情况下，我们爆发的对抗情绪，实际上是特殊环境下自我保护的一种手段。

假设在工作场合中，你被别人指着鼻子指责："都怪你，是你的失误让我们所有人白白付出一个星期的努力。"

你原本也有一些自责、紧张、焦虑，可是同事当头一棒砸下来，你内心的自责瞬间变成强大的对抗力，此时的你已经十分生气，甚至会反击对方说："制造麻烦的难道只有我一个人吗？上个月的业绩，除了你，我们都冲刺到了目标值，就因为你，我们没能拿到团体奖！今天的事情你怎么能将责任全推卸在我一个人的身上？"

如果此时双方谁也不能退让一步，或冷静下来，而是继续你一句指责、我一腔愤怒，冲突就会愈演愈烈，最后闹得不可开交，甚至有人会为此丢掉工作。

这便是对抗猫的常见表现，正是一种非常明显的焦虑状态。

那么，我们为什么会有对抗情绪呢？

对抗的本源，就是自我保护。在我们感受到外界的不友好时,防御本能就会瞬间迸发出来。就像车辆发生严重撞击的时候,安全气囊瞬间弹射出来一样,它们都属于"被动安全性的保护系统"。对抗者的初衷或许没有恶意,但对抗情绪让他无法看清其他的事情,从而只能做出比较激烈的反应,甚至说出或做出伤害他人的话语和事情。

其实,很多时候我们遇到的事情并不可怕,可怕的是我们对事情的过度反应。我们在生活中感受到的大部分痛苦,都是后者带来的,也就是抗拒困境的结果。如果着手"接纳"这些困境,顺其自然,很多心理症状就会减轻。

它们在接纳时变轻,在抗拒中变重。保持冷静,静观其变,适时转弯,才能避免无谓的冲突。

如何对待对抗情绪,不妨试试以下几个小策略。

1. 觉知，积极暗示自己。

当你意识到自己正处在对抗情绪中时，闭上眼睛告诉自己：冷静！打住！千万不要上了情绪的当！拒绝对抗情绪，我照样可以把问题处理干净。

2. 假装对抗。

当遇到令你不安的外界因素时，也可以采用假装对抗的方式，化解内心的不安情绪和对抗冲动。比如，当同事无端指责你，把所有责任都推到你身上时，你可以用轻松的语气说："不要这样子说哦，这件事情到底是怎么回事，我们都心知肚明。实在不行，我们可以坐下来捋一捋，如果你指责我，我脾气再好也会生气的。"

3. 永远记住一点：每个人都有选择权。

人人都有权根据自己的选择来行事，你要学会允许别人选择其言行,就像你坚持自己的言行一样,把不同的声音弱化成个体选择的不同,这样在面对别人的指责时,就可以平静辩驳,而不是被对抗情绪左右,让自己陷入不理智的状态。

4. 选择地理隔离。

当你控制不了对抗情绪时,可以暂时离开"案发现场",尽量不要靠近"对抗源"。

5. 试着给自己 10 秒钟的冷静时间。

当察觉事情不妙,对抗情绪就要爆发时,试着给自己 10 秒钟的冷静时间,倾听和思考对方的话,抓住事情的本质,就其本质进行交流。记住,最初的 10 秒钟至关重要。

6. 事后复盘,了解为何会失控。

一旦出现对抗情绪,事情的发展就很难在掌控范围内了。即便如此,也要养成事后复盘的习惯,思考为什么会失控,对方的哪句话让你产生了对抗情绪,有没有更好的方法来应对这种事。事后复盘,能够帮助你认识到对抗情绪产生的源头,避免下次再犯。

PART 5

驾驭焦虑:
与猫咪进行心理博弈

与压力和平相处

> 必须接受和正视压力的存在
>
> 压力的背后,正是生活的意义

网上,有一段"小伙儿骑车逆行被拦,崩溃爆哭"的视频火了。视频里的男人情绪崩溃,说自己每天加班到凌晨,压力太大,引发了网友的共鸣。显而易见,压力已经入侵了我们每个人的生活,"压力山大"早已成为我们的生活常态。

压力的来源是多种多样的。越来越残酷的社会竞争、快节奏的生活是它滋生的温床，工作、学习、考试、结婚、生子……概言之，人只要活着就会有压力，越想生活得好，压力就越大。

压力为内心的焦虑猫提供了源源不断的"粮食"，压力越大，就会越焦虑，内心的焦虑猫也会逐渐变得肥硕无比。越焦虑则越容易打乱生活的节奏，反过来，生活毫无章法，压力也就越大，人也就越焦虑，如此恶性循环，直至崩溃。

既然在我们的生活中，处处是压力的影子，那么，完全消灭压力就是不可能、不现实的。对于压力，我们要做的是与之和平相处。

接受压力的存在，正确认识压力。

压力真的只是洪水猛兽，有百害而无一利吗？

当然不是！正如每一枚硬币都有正反两面，压力的存在也是一把"双刃剑"。适度的压力是我们前进的基石，是激发我们潜能、实现个人目标的催化剂，是人生路上必不可少的踏板。

有一项研究表明，那些生活稳定、没有压力的人，在认知测试中的得分普遍较低。相应地，他们的积极情绪也很少。与之相反，适度的压力会催人奋进，人们在"过五关，斩六将"的重重关卡和挑战中，既付出了努力，也获得了许多积极情绪，刺激了多巴胺的分泌，从而使大脑获得"奖励"。

适度消化压力，把握好压力的度。

虽然压力也有其积极的一面，但不可否认的是，过度的压力一定是有害的。

水满则溢，过犹不及，正如过度运动会肌肉拉伤，过度摄入糖分会患病，过度的压力也会压垮我们的肩膀，消磨我们的意志，还会使我们出现心跳加快、血压升高、肌肉紧绷等生理现象，甚至会威胁我们的身心健康。

一位著名的心理学家曾论断，当一个人长期暴露在持久的压力下，大脑中的HPA轴（指下丘脑-垂体-肾上腺轴）就会被打破平衡，从而使我们长期处于"高预警"状态。这种时刻紧绷的状态不仅会破坏细胞，还会降低免疫力，加快衰老。

过度的压力还是焦虑的"帮凶"，让我们生活在水深火热之中。所以说，要对抗焦虑，首先就要正确处理压力，掌握好压力的界限。

压力有利有弊，要做到客观看待、正确处理，不妨使用以下几种方法。

妙招一：理解和评估情绪中的压力。

知己知彼，百战不殆。要与压力和平共处，就要先弄明白压力对于你是怎样的存在。你可以时常问问自己，压力从何而来？对你来说这种压力带来了什么影响？这种压力是什么等级的？它对你的情绪有什么样的影响？

当你因为压力而烦躁苦闷时，可以试着把它记录下来。记录并不是为了寻找应对方法，而是让你在理性的状态下认识自己的情绪，从而更好地面对压力。

妙招二：做有门槛、有难度的事情来提高抗压能力。

如果你"社恐"，就去和陌生人交流；如果你容易产生"美丽羞耻"，就每天打扮得漂漂亮亮的出门；如果你容易精神内耗，就把自己投入忙碌的生活中……有门槛、有难度的事情能够帮助我们提高抗压能力，逼自己一把，也有助于养成马上行动的好习惯。这可能很难，但只要开始做，它就是你与压力和平共处的良好开端。

妙招三：做运动释放压力。

运动是我们摆脱压力的高效方式，在运动的过程中，我们的身体会产生内啡肽，这种物质能够麻醉我们的身体，并带来愉悦感，给我们带来积极情绪，从而释放出压力。另外，运动不仅能够有效应对压力，还能够减轻我们的焦虑。

妙招四：自我疏离，消解压力。

汉密尔顿学院心理学助理教授蕾切尔·怀特表示，自我疏离可以给我们一点儿额外的空间，帮助我们理性思考目前的局面。

有一项研究，两组人员被要求用不同的方式思考同一件事情。比如描述即将面临的考试。第一组人站在"身在其中"的位置去描述，第二组人则使用"自我疏离"的方式，站在旁观者的角度去描述。结果显示，第二组人的焦虑感比第一组人要低很多。

这种方法也可以应用在现实生活中，当遇到困难的时候，多想想身边那些优秀的人，他可能是你的老板，可能是你的老师，可能是你的亲朋好友，试着想一想，如果是他们，会如何处理眼下的困境。也许换一种思考方式，你就会发现转机。自我疏离，可以巧妙地消除心中退不去的压力。

世间走一遭如同爬山，在上山的路上你会遇到各种各样的挑战，这些挑战会带给你数不尽的压力，我们要做的就是管理好这些压力，使之保持在恰当的水平。只有与压力和平共处，我们才能以更平和坚韧的状态去驾驭焦虑，才能以一个良好的状态面对生活中的风雨和彩虹。

运动是驯养焦虑猫的利器

> 好心情从运动开始
>
> 运动是与生俱来的本能

随着生活节奏日渐加快,焦虑猫真的是无处不在,这只小东西隐藏在工作、家庭、俗事、人际关系中,让你时刻被它缠身,烦恼不断。与其和小猫咪斗智斗勇,不如带着它一起运动起来。运动被公认为最简单直接的缓解焦虑、化解压力的方式。

1. 运动能分散注意力，缓解焦虑！

健康的运动，可以有效地阻断身体与大脑间的焦虑循环。一般而言，焦虑是由做不好某件事或者是自身性格引起的，运动在提高自身免疫力的同时，还能够分散焦虑者的注意力，有效缓解焦虑，放松心情！

2. 运动可以更好地调动大脑资源，使人更加专注！

运动会让身体在短时间内增加血清素和去甲肾上腺素含量水平，能够促进脑内组织分泌神经生长因子，前者可以提高前额叶皮层抑制恐惧的能力，后者能够预防大脑功能退化。

运动可以更好地调动大脑资源，提升专注力，让你的心思都集中到运动这件事情上，而不是沉溺在对压力的纠结中。

3. 运动可以让你身心更加自由！

焦虑的人很容易自我束缚，把自己困在某个空间里，躲避现实。运动，可以改变这种状态。从某种程度说，运动能够让人乐观积极，让人变得更加聪明，更加有活力。经常运动还能使人变得更主动，有利于改善社交生活。运动，似乎有种魔力，能让人释放压力，纾解烦闷，快速走出情绪困境。

4. 运动是缓解焦虑、增强信心的妙方良药！

不少长期跑步锻炼的人称自己跑步时体验过一种奇妙的快感，即"跑步者高潮"。这是一种在跑步过程中可以体会到的美妙、兴奋，甚至无法用语言描述的愉悦感受。与之相同，其他类型的运动同样能让人心情愉悦、身心舒畅。

运动，最关键的是要持之以恒。养成运动的习惯，大脑才会源源不断地从中受益，运动才会成为你生活中的一部分，像刷牙洗脸那样平常。

千万记住，运动是我们与生俱来的本能，我们的头脑和身体就是为此而设计的，它们生来爱运动。还要记住的是，不管你是三十岁还是六十岁，运动从来都不晚。还等什么？赶快穿上你的运动鞋，体验运动的减压效果，感受运动的快乐吧。

当生活归于简单时，焦虑也会安静下来

生活是一杯白开水

简简单单，是一种极致的幸福

　　简单生活，又称简约生活、极简生活等，是一种极力减少追求财富及消费的生活风格。当生活归于简约、简朴时，牵绊我们的焦虑就会随之减少，压力也变得让人可以承受。放弃不必要的东西，致力于真正有价值的事情，才能真正轻松愉悦地活着。

诚如梭罗曾在《瓦尔登湖》里倡导的那样：一个人能抛下的东西越多，他就越是富裕。所谓人活到极致，终归是素与简。

生活，从简单到复杂很容易，但从复杂到简单，却很难，那需要一段很长时间的修炼，需要你有着断舍离的决心，需要你坚定地做好自己。相信自己，以简单真诚的心来对待生活的所有，不将就、不攀比、不计较，好好过自己的生活，便是最好。

"最朴素的往往最华丽，最简单的往往最时髦，素装淡抹常常胜过浓妆艳服。"因此，生活得简简单单，也是一种极致的幸福。

想要做到生活归简，有几个建议与君共勉。

其一：精力归简

你知道吗？生活中有太多无意义、无成就感的事情消耗我们的精力了,这不仅会让我们的身体感到疲劳,还会让我们的生活质量一点点地下降,使我们的生活没有生气。刷朋友圈、看短视频、刷微博,每天解锁手机无数次……人的精力就在这些烦琐、无用的事情中消耗掉了。

你把精力花在哪里,收获就在哪里。真正聪明的人,懂得把精力集中在重要的事上。当你腾出了更多时间去做生命中重要的事情,无论是读书学习,还是锻炼身体,你会发现获得快乐的机会越来越多,焦虑也越来越少,生活质量极大提升。

其二:财务归简

在这个信息技术飞速发展的时代,各种购物 App 向你招手;直播间里琳琅满目的商品让你目不暇接;花呗、信用卡让你失去了自制力;到了年底,发现非但没有存下钱,甚至还出现了透支的情况,于是你的焦虑陡然剧增,压力如巨石一般让你喘不过气来。你"月光"的生活,仿佛站在悬崖边上跳舞,摇摇欲坠。

学会让财务归简,可以帮助你走出财务困境。坚持天天记账,把每天花的钱全部记下来,然后定期复盘,什么地方该花,什么地方不该花,心里要有一杆秤。把钱花在刀刃上,不该花的钱一分不花。

其三:心态归简

"一个失落的灵魂能很快杀死你,远比细菌快得多。"当我们的心态和信念开始崩塌时,人的境遇与走向灭亡也就所差不远了。所以,对一个人伤害最大的往往不是来自外界的人或事,而是自己的情绪内耗。

做事情时,我们总会有各种担心和焦虑,怕自己做不成，怕别人的质疑和否定，前怕狼后怕虎。对尚未发生的事情惴惴不安，充满焦虑、担忧和惶恐，搞得整个人很疲惫。每个人的精力都是有限的，无休止的内耗会彻底拖垮我们。与其被精神上的内耗折磨，不如用行动治愈自己。

真正强大的人，将时间都花在了解决问题上，用果断的行动打败焦虑，不去做哈姆雷特一样的延宕之人。

其四：表达归简

在社交关系中，人容易感到"心累"的很大原因，是人们说话喜欢拐弯抹角、藏着掖着，不直截了当地说出自己的想法，让人猜来猜去。

作家韦斯托说："有话直说是一种直面问题的积极态度。"找人帮忙时，有话直说，不要浪费别人的时间；工作沟通时，有话直说，可以提高工作效率；表达情感时，有话直说，可以让心与心的距离进一步靠近。

其五：交际归简

"远离消耗你的人，也不要去消耗别人。"古语云"良禽择木而栖"，人也要择良友而交。你不可能让所有人都喜欢你，你也不必把所有人都请进你的生命里。要学会拒绝和远离消耗你的人，不要为了这些人浪费时间，消耗生命。尤其是毫无价值的酒局、让你痛苦的人、使你精神内耗的事情以及虚情假意的朋友。

让交际归简，宁愿一个人孤独，也不要盲目加入一群人的狂欢。

简单生活，是一种方式。只有静心，才能定心。

经常静下心来听听音乐，看看书，是非常有必要的。心静下来，世界就安宁了。

简单生活，是一种境界。富有的人往往朴素，只有内心贫乏的人，才需要外在的物质来填补精神的空虚。

简单生活，是一种智慧。当你把复杂的事情变得简单，你的世界就会变得简单。人世间，最复杂的是人心。你的世界太复杂，是因你的心很杂乱。

简单是一种生活态度，也是一种做人境界。当你用简单的心态面对世界时，世界也会变得简单。生活也是如此，不要沉溺于过去，也不要担忧未来，就专注于当下，过好此时此刻。把一切看淡看简，用简单的心态面对全世界，轻装上阵，焦虑也就无处寻踪了。

一些不可忽视的"小确幸"

"确幸"是"确切的幸福"

它是一呼一吸，是每分每秒

"小确幸"真的存在吗？它们藏在哪里？又如何找到？

村上春树在《兰格汉斯岛的午后》中多次提到"しょうかっこう"一词，译者用极为精巧的语言翻译成"小确幸"，使词语中蕴含的笃定的幸福感自人内心油然而生，跃然纸上。

生活里，幸福感的来源，其实就在一些细枝末节的地方。对"小确幸"的感知力越强，焦虑这只猫咪就会越温顺。

"确幸"，便是"确切的幸福"，"小确幸"便是那些随处可见、容易被忽视的微小而确切的幸福，也是心中隐约期待的小事刚好尽如人意地发生时的那种幸福与满足。

"小确幸"如晶莹剔透的珍珠，散落在生活的一地鸡毛里，它没有钻石的闪耀，也没有烈日的炽热，它就是平凡而又温暖的存在，散发着柔和的光芒，但充满力量。它们如此珍贵，以至于我们说，没有"小确幸"的人生如没有了色彩的画卷，仿佛万里无云的湛蓝天空少了些许对变幻之景的期待，又似咖啡里少了的那一分甜蜜。

物质极其丰富的年代，我们通过物质已经可以获得前所未有的满足和快感，可是这种幸福毋庸置疑在减少着它的持续时间。物质上的满足带给我们的是"小确幸"吗？是，但也不尽然。

"小确幸"更多的是指当下，此时此刻，每分每秒中的幸福感。"小确幸"是一种生活态度，一种积极乐观的态度。

眺望远方，层峦叠嶂的山川和奔腾不息的江流都是美好，层次错落的亭台和高低有致的树木也皆使人喜乐，视觉盛宴尽收眼底，这就是"小确幸"。

端起水杯，品一口清茶，让柔滑甘甜的茶水伴着午后的阳光滑过口腔，味蕾间有茶叶的微涩回甘，也有水的温润清冽，这就是"小确幸"。

连我们的一呼一吸，都是"小确幸"之所在。春雨的缠绵、夏花的浓烈、秋果的芬芳、冬雪的沁凉，四时之景不同，四时之境迥异，自然赋予我们的都是"小确幸"。

是的，"小确幸"就在我们身边——

是陪伴亲人的温馨快乐；

是与爱人相伴的甜蜜美好；

是懒懒地宅在家里，看一部治愈的电影；

是因为忙碌而弃置一旁的绿植在春雨后萌发的绿叶；

是孩子一声声甜蜜的呼唤；

是三五好友在溪水旁露营烧烤；

是读完一本书后的酣畅淋漓；

是许久未穿的衣服里藏着的崭新钞票；

是在发现的"宝藏"小店里买到了心仪已久的小礼物；

是和爱人一起组装了期待已久的积木；

是同事在忙碌的午后递给你的一杯卡布奇诺；

是周末阳光遍洒的清晨，推开窗子呼吸的那一丝空气；

是你帮助了陌生人之后得到的一句真诚的感谢；

是生活中的点点滴滴，和金钱无关，和名利无关，只与我们的内心所求息息相关。

村上春树说，没有"小确幸"的人生，不过是干巴巴的沙漠罢了。是啊，大的幸运怎么可能随时降临，人间疾苦总是不同程度地让我们焦虑疲惫，如果没有了"小确幸"，那生活该是何等的苦涩啊！

那些细碎的零散的美好小事，一定不是通过刻意寻求发现的，而是在生活中不经意间意识到的，林林总总，普通、随机却又可以捉摸和收藏。

这样的"小确幸"每一天都围绕在我们的身旁，可惜我们在忙碌的生活和沉重的压力下，似乎忘记了收集幸福，忘记了感受幸福，忘记了体会幸福，更忘记了最初简单的心境，其实这才是生命的真谛。

所以，我们应该有一双善于发现美的眼睛，当这些"小确幸"跳跃着、旋转着、舞蹈着向我们走来时，我们才能及时发现它们，并拥抱它们。常常抓住身边可感知的、确定的小小幸福感，焦虑这只猫就不会随便挥舞起它的利爪，撕扯我们的情绪屏障了。

PART 6

情绪救急：
让焦虑缓一缓

转移焦虑猫的注意力

把不必要的想法放在一边

正确地看待压力，管理好自己的情绪

在生活中，当压力有点儿让你透不过气的时候，就要懂得给自己减压，转移焦虑猫的注意力，让自己从焦虑中脱离出来，去关注自己喜欢的事情，给自己一点儿喘息的空间。

比如，看一本喜欢的书，培养一项新的爱好，结交一些新的朋友等，一旦我们专注在自己感兴趣的东西上，焦虑情绪也会得到缓解，甚至是被消除。接下来给大家分享几个能够有效转移焦虑猫注意力的方法。

1. 音乐是生活的一剂良药。

美妙的旋律具有安抚情绪的功效。如果你被焦虑侵袭，放下手边的事情，去听点儿轻音乐吧。当你沉浸在音乐的世界里，压力自然也容易被忘却。

科学研究表明，听慢节奏和低音调的音乐可以使人们在面对压力时平静下来。如冥想音乐、柔和的爵士乐，通常可以让你很快放松下来。听音乐可以有效地"分散注意力"，可以让你将注意力从压力性事件转移到愉快的事情上，从而降低感受到的压力水平。在车里、在家里、在办公室里，打开你最爱的音乐列表,让音乐洗涤你疲惫的灵魂吧。

2. 到电影院享受一场视听盛宴。

看电影也是一个不错的解压方法,有空去电影院或者在家里构建一个适当的观影场景,选择一部适合自己的影片,让压力在笑声或泪水中得到消解。电影不仅可以帮助人们舒缓情绪、放松心情、消磨时间,也可以带来视觉冲击,活跃神经。我们可以在电影里寻找浪漫、寻找刺激、寻找逝去的童真,还可以拓宽眼界、丰富情感、增长见识、丰富生活。

3. 约上三五好友一起去户外活动吧。

做运动或去郊外活动也是缓解压力的有效方法之一。当你感到压力来袭时,可以约上三五好友开启一次酣畅淋漓的户外之旅,去享受户外清新的空气。另外,毋庸置疑,经常锻炼可以增强机体免疫力,缓解焦虑的心情。

4. 和小动物玩耍,消解压力。

养一只宠物是什么感觉?就是人与小动物相互依赖,相互陪伴,互相供养。物质上你养它,精神上它养你。

科学家研究发现,与猫狗互动玩耍,能够有效缓解压力。在和宠物互动的过程中,皮质醇会显著减少,而皮质醇通常被人们看作衡量压力大小的标准。皮质醇分泌较多,则代表着压力较大,反之亦然。当你回家后,看见自己养的小动物向你欢乐地跑来,再也没有比这更好的治愈你心情的方法了。如果家里没有喂养宠物,也可以看看可爱的小动物图片、视频等,比如大熊猫、小浣熊等,看到那些可爱的、萌萌的动物,人也会不由自主地感到喜悦。

5. 通过冥想来自我调节。

劳累了一天的你,何不让自己暂时告别喧嚣与压力,通过冥想让精神放空一会儿呢?具体的操作方法是,找到那处让你最放松的区域,或是舒适的床铺,或是柔软的沙发,舒适地躺在床上或坐在沙发上,向身体的各部位传递休息的信息。先从左脚开始,使脚部肌肉绷紧,然后使之放松,同时暗示它休息,随后命令脚脖子、小腿、膝盖、大腿,一直到躯干部休息,之后,再从右脚到躯干,然后再分别从左右手放松到躯干。

6. 读一本让你沉浸其中的书籍。

在科技强盛、注意力稀缺的现代社会,阅读成为一种独特的减压方式。它可以帮助我们更好地理解生活,并以不同的方式审视我们的问题。

当我们读到书中描述的风景、声音、气味时，大脑的相关领域被激活，进而联想到现实中的真实体验，这是看电视或玩游戏所无法比拟的。读书能满足人的归属感，丰富你的精神世界，使你减少孤独感，成为我们生活中重要的组成部分。

7. 去享受健康按摩带给你的解压体验。

在竞争激烈、压力巨大的当下，亚健康几乎成了现代年轻人的"流行病"，如疲劳、浑身乏力等，而在工作之余，越来越多的人也选择通过按摩来放松僵硬的肌肉，缓解身体的疲劳。

按摩可以刺激体表穴位，加快人体淋巴液的流动，消除身体上的疲乏感，在一定程度上减轻压力。

一些超好用的自我心理强化术

掌握心理强化技巧，

会让你变得自信且坚韧

1. 与我一起，深呼吸。

深呼吸可以激活人体副交感神经系统，降低机体的代谢活动，让身体放松下来，达到舒缓压力、放松神经的效果。

我们一起完成以下动作：

舒适地坐在椅子上，确保两脚平放，大腿与地板保持平行。身心放松，背部挺直，双手自然放在大腿的前部。现在，请深吸一口气，让腹部自然扩张，仿佛空气正慢慢填满你的腹部。随着持续的吸气，胸部和肺部完全扩张，仿佛感受到胸部正缓慢抬升。想象一下，空气正从腹部向胸部四周均匀扩散。随后，通过鼻子慢慢地呼出这口气。确保呼气的时间要比吸气的时间稍长一些。请保持至少一分钟的呼吸练习，节奏自然舒缓，不要刻意加速或放缓。注意呼吸的深度以及完全程度，让身体在每一次的呼吸之间慢慢放松，感受身心的宁静和平和。

2. 自我调息，早睡早起。

早睡早起是一剂良药。从现在开始，养成早睡早起的好习惯，提高自身免疫力，增强身体素质，心理上也会变得轻松些。

当然，好习惯并非一日养成。首先，保证睡前不玩手机，确保自己在十一点前进入睡觉状态，如果一时间很难做到，那可以制订一个循序渐进的计划。比如，今天晚上十一点准时闭上眼睛，进入睡眠模式；明天晚上试着提前十分钟，十点五十分就闭上眼睛进入睡眠模式，以此类推，慢慢把入眠时间调到十点半左右。

早起亦然。比如，刚开始七点起床，慢慢地，调整到六点五十分、六点四十分、六点半等，给早上留点儿时间做你想做的事。久而久之，这些微小的改变就能让你获得持之以恒的健康。

3. 坚持锻炼，让多巴胺"飞"起来。

生命在于运动，生活在于锻炼，锻炼能够治愈一切。坚持锻炼会增强身体，保持良好的身材，使你的皮肤更好，让你的笑容更灿烂。

从现在开始，为自己制订一个切实可行的运动计划。运动方式可以是慢跑，可以是跳绳，可以是瑜伽，可以是脚踏车，可以是任何你喜欢并能坚持下去的项目。保持自律，从每天半小时开始，不断坚持，一步一步，让运动和汗水成为你生活中不可缺少的伙伴。坚持下去，你会发现你在逐渐远离一些无谓的压力困扰，走在越来越好的路上。

4. 走出阴霾，从自我形象管理开始。

一个人状态低迷时，就很难关注外在的事物，包括自己的外貌形象。这个时候，试着去洗个热水澡，换上让你舒适的服装，精心收拾一下仪容仪表，对镜子里的自己微笑，让心情慢慢好起来。

俗话说：没有人有义务通过你邋遢的外表发现你内心的美。人是视觉动物，总是喜欢美好的东西。我们可以不精致，但一定要干净清爽。清爽干净的形象，会让你重新获得自信的力量。

5. 学会欣赏别处的风景和别人的美。

学会欣赏别人是你变得优秀的开始。只有欣赏别人，才能发现别人的优点，学习别人的长处，而你也会变得更好。当你被当下的烦恼、困境扰得不胜其烦时，不妨暂时转移视线，去欣赏别处的风景和那些美好的人。

学会欣赏，养成豁达的心态，是你走出困境的一步绝杀棋。当你站在云霄之上时，看到的已经不再是二楼的满目疮痍，而是"不畏浮云遮望眼"的美妙景象。站位调整好，压力自然减少一半，视野完全打开，成功自然近在咫尺。

6. 重塑自信，活出精彩。

现实如此，压力已经产生，面对压力，最糟糕的就是什么都不做，把小问题拖成大问题，把小毛病拖成大毛病。所以不管最后能不能做成，都应该尽力做点儿什么，只有做些事情，才能往改善现状的方向挪一点点，再挪一点点。如果第一步可实现，就意味着第二步、第三步也可能实现，在前进中逐步建立信心，有了信心，就能更好地应对压力。

要及时肯定自己，让自己重塑信心。每日睡觉前，复盘自己当日值得夸赞的地方，激励自己继续保持。做一个看得到自己美好的人，用积极的态度去面对压力，去鼓励自己。总有一天，你会发现，心理越来越强大，生活也变得越来越有趣。

20件让人快乐的小事

让人产生多巴胺的快乐秘籍

少欲则心静,心静则事简

提到焦虑,我们总会联想到一些表达负面情绪的词汇,比如心烦、焦躁、脾气大、抓狂、心累……虽然适度的焦虑能够推动人们前进,但如果天天焦虑,不仅会让我们的心态变差,还会影响我们的身心健康。正因如此,我们更应该正视焦虑,在感受到焦虑情绪并且无法缓解的时候,一定要及时采取措施,进行情绪急救。

那么,什么样的措施可以缓解我们的焦虑呢?

不妨来试着做以下20件小事吧,也许你会因此感受到快乐,忘却焦虑。

小事情 1　喝几杯茶

有研究表明,如果你每天喝上四杯茶,坚持六周,你就会发现自己变得心平气和,压力也随之变小了,这是因为喝茶能够降低体内皮质醇的水平。

因此,没事就喝杯茶,用茶代替咖啡,也能缓解你的焦虑。

小事情 2　少看手机

自从手机进入人们的生活,它就慢慢变成了"生活必需品"。现在,人们工作要用它,吃饭要用它,甚至睡觉还得用手机"助眠"。但是，对于工作一天、疲惫不堪的你来说，下班之后身心不仅没有得到好的休息，反而被手机中的"快餐信息"、无营养信息、垃圾信息干扰，让原本疲惫的身心雪上加霜。

所以，少看手机，能放下手机的时候就立马放下，让大脑好好休息一下。

小事情 3　养一只宠物

对独自生活的人来说，养一只宠物能够带来归属感。清冷的屋子里有一只可爱的小生物等着你回家，它们会蹭你的手，会窝在你的身边，毛茸茸的，让你爱不释手。

宠物的存在，不仅能够帮你缓解焦虑，还能够点燃你对生活的热爱和期待。它们是无言的朋友，用行动诉说着温情，让生活变得更加温暖、蒸腾。

小事情 4　看一本想看的书

请停止陷入没有尽头的悲伤，去看一本书吧，转移我们的注意力，把思绪放进书中，去感受故事里的跌宕起伏，去体验另一个精彩的世界。在这个属于你的精神世界里，彻底地摆脱焦虑。

放过自己，从拿起一本书开始，保持心态的稳定，从翻开一本书开始。

小事情 5　少发火

老话说得好，别人生气我不气，气出病来无人替。有研究表明，愤怒如果不及时纾解，任它留存体内，得病的可能性会更高。这告诉我们，生气有百害而无一利。

所以为了自己的身体，要少发脾气、多沟通，毕竟行走"江湖"，人际中的磕磕碰碰是难免的事。

小事情6　多亲吻

有研究表明,经常亲吻能够缓解焦虑,因为亲吻能够让大脑释放内啡肽,这种物质能够对抗焦虑,让人们心情愉悦。

小事情7　多拥抱

过分焦虑时,我们的身体会分泌皮质醇,而皮质醇的"天敌"是拥抱、抚摩。拥抱与抚摩能够减少相关激素的分泌,从而释放压力,减少焦虑。

平日里多抱抱你的家人和朋友,既能减少焦虑,也能让我们更好地拥抱生活。

小事情8　来一场说走就走的旅行

当你陷入某一境地停滞不前,不如开辟新的路线,可以来一场说走就走的旅行,去领略异地文化的魅力,去感受山河的壮阔,去欣赏大自然的鬼斧神工,去体验"沧海一粟"的渺小与微茫。

旅行的开始就是你的新生活的开始,所谓焦虑也随之而去。

小事情 9　记录生活中的"小确幸"

记录每一天中让你感到心情愉悦的事情,焦虑时就去翻一翻,随着页面的翻动,你会发现自己的生活充满了乐趣,可能是与朋友的一次好物分享,可能是与父母的一次通话,也可能是发现了一家"宝藏"饭店,诸如此类。

当你目光所及皆是治愈人心的"小确幸",焦虑也会慢慢消失。

小事情 10　发现美食

"没有什么事情是一顿火锅解决不了的,如果有,那就两顿。"

吃东西能够缓解焦虑。舌尖上舞动着的是生活的影子。食物丰富的味道也能带来不同的味蕾体验。精心制作一道美食，用心品尝一道美食，都是对抗焦虑的武器。

小事情 11　做手工

感到焦虑的时候可以学习编织，自己钩一个摆件、一个包包、一件衣服等。也可以学习编手绳，编出自己喜欢的花样。除此之外，还可以 DIY 手机壳、做陶瓷、插花、物品改造等。

当你看着自己亲手制作出的漂亮物品，内心的满足感也会提升。

小事情 12　收拾房间

持续的焦虑可能来自对未来的不确定，但未来是无法立刻抵达的，所以不如做一些力所能及的事情，从收拾自己的房间开始。比如，改变房间的布局，把书桌搬到窗边，更换房间的配色等，在让房间焕然一新的同时，也可以顺带收拾自己杂乱的思绪。

小事情 13　每天傍晚去散步

给自己每天的生活增添一些固定项目吧，比如每天傍晚去附近走一走。溜达的时候你可能会看到大爷们围在一起下象棋，也可能看到大婶们无忧无虑地跳着广场舞，看到有人在遛狗，看到热气腾腾的小摊，看到春暖花开……

一边走一边欣赏这人间风景，焦虑也就慢慢消退了。

小事情 14　看日出日落

房间是封闭的，与外界隔绝的状态会带来无形的压抑感，因此，去屋顶或者户外看看日出日落吧，感受一天的开始与结束,感受天空的广阔。你看,朝阳是美的,晚霞也是美的,我们的生活也可以如朝阳热烈,如晚霞绚丽。

小事情 15　夸夸自己

焦虑的人总是怀疑自己,认为自己一无是处、一事无成,所以请每天睡前或者醒来后都夸夸自己吧。比如,你可以夸自己:今天喂了一只可怜的流浪猫,做得不错!今天午饭做了一荤一素,味道很棒!今天按时完成了工作,效率很高,明天也要继续加油呀……

不要吝啬于自我肯定,相信自己才是打败焦虑的开始。

小事情 16　听音乐

听听自己喜欢的音乐,紧绷的思绪也能随之放松。音乐里的情绪能够带动我们的心情，舒缓的乐曲能够让人放松，激昂的乐曲能够让人热血沸腾，精神满足有时就是这么简单。

小事情 17　自言自语

不想和别人倾诉的时候，我们也可以用自言自语、自问自答的方式来纾解压力。对自己说一些想倾诉的事情，自己吐槽自己今天的"水逆"，甚至可以自我表演，演绎脑海里的构想，呈现自己的想法，以此发泄自己的焦虑。

小事情 18　尝试新风格

改变自己也是释放焦虑的有效途径，当你焦虑时，不妨试试自己想要尝试的风格，新的发型、新的发色、新的衣服、新的首饰，大胆尝试，做自己生活的主角。

小事情 19　说"不"

不想做的事情可以不做，不想帮的忙可以不帮，无用的社交只能带来更深的焦虑，明明不想，却还是考虑到各种因素而没有拒绝，往往只会浪费自己的时间和精力。把生活的重心放到自己身上，学会说"不"，才能让人生更从容自在。

小事情 20　断舍离

积攒了好久的衣物、书本，旧了的摆件……当你焦虑万分时，可以试着把这些堆积如山的物品清理出来并扔掉。包括那些你认为有用但其实已经放置很久了的东西。

当扔则扔，才能减轻行囊的重量，好继续前行。

去做这20件小事，让我们的情绪放松下来，才能更好地、更从容地面对生活，才能发现生活中我们所拥有的那些"小确幸"。人生万象，我们自己也是其中的一种，请找到最适合自己的状态，收拾行囊，重新出发。

喵~

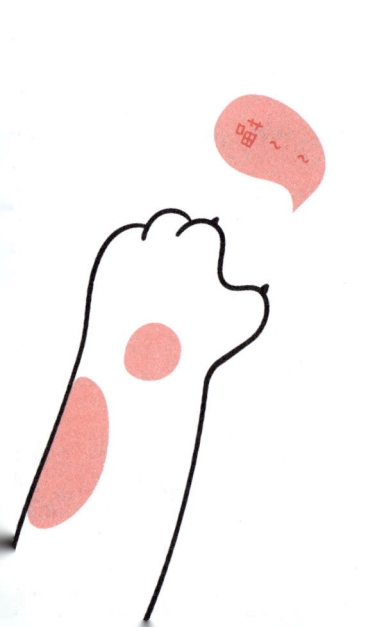

PART 1

自我治愈：
重建心灵的秩序

安顿好心灵世界的房客

> 要想打败焦虑
>
> 必须安顿好自己的心灵世界

在现实生活中,焦虑的人越来越多。职场中,他们会焦虑于工作有没有做完;学校里,他们会焦虑于能否顺利完成学业;生活中,他们还焦虑于能否和其他人和谐相处……你看,人们的内心总是被各种各样的事情塞满,这些事情所带来的情绪最后都演化成了一只焦虑猫咪。

我们的心灵世界不光存在着这只焦虑猫咪,还住着很多其他"房客",它们可能是我们想事情时的万般思量,是我们生活中尚未解决的事情,是来自各方的情绪,也可能是我们对生活所持有的态度……

当焦虑可控时,这只焦虑猫只是偶尔打扰一下其他房客,让它们陷入一种紧张或戒备的状态。当焦虑过度发展,焦虑猫会拥有强大的攻击性,对你心灵世界的一切任意破坏,给房客们带来伤害,扰乱你的正常生活。

而对抗焦虑,保护我们心灵的有效方法,就是重新审视和建立自己的内心秩序,将我们心灵世界里的房客们安顿好。只有这样,我们才能开始良好的自我治愈过程,最终依靠自己的内心力量让焦虑猫变得乖顺可控。

那么，我们应该如何安顿心灵世界的房客们呢？

1．"逐客"，房客越少，越容易安顿。

如果心灵世界住了太多的房客，我们安顿起来就会感到纷繁复杂，费力费神，一不小心没安顿好，焦虑的情绪就会随之而来。

有一位年轻人想要换一份工作，他想去"大厂"上班，但是一直没有着手制作简历。有人问他为什么，他说想要先了解岗位，但是过了一段时间，他还是没有投简历，一问才知，他担心"大厂"面试门槛高，工作压力大，所以一直在纠结到底要不要投简历，最后他还是待在原来的工作单位，天天焦虑着。

这个故事告诫我们，虽然古语说我们做事应该"三思而后行"，但是，思量过度对我们也并无益处。

如果我们做事情总是瞻前顾后，想太多，最后只会让自己陷入困境，无法挣脱。

2. 筑好堡垒，对生活进行"断舍离"。

焦虑的我们在自我治愈的过程中，需要整顿心灵秩序，但是心灵世界的堡垒如果太过"脆弱"，就容易被负面情绪"冲塌"。因此，我们需要"加固"堡垒，学会对生活中的人、事、物进行断舍离，给自己的生活"减重"。

古语有言，"失之东隅，收之桑榆"。不必吝惜于所有物，断舍离后的生活会更加多姿多彩，断舍离后的心灵世界也会更加坚不可摧。

《瓦尔登湖》的作者梭罗也曾困于生活中的诸多事情。二十八岁前的他，诸事不顺，亲人逝世、被恋人抛弃，得不到赏识，也得不到公职，生活带给他的压力让他患了一场大病。痊愈后的他放下了曾经的执念，他带着一把斧头来到了瓦尔登湖，在湖边建了一座小木屋，伴着湖畔日出而作，日落而息，以自己的所见所闻写下了《瓦尔登湖》，并流传至今。

你看，只有舍去执念，才能够整装出发，开辟新的人生。

3. 照顾好内心的情绪，因为焦虑的能量正是源自不断堆积的负面情绪。

在我们的心灵世界里，除了剪不断的思量、理不清的事情，还有各种各样、不断堆积的情绪。其中有催人向上的正面情绪，比如愉悦、幸福、热情，也有让人停滞不前的负面情绪，比如愁思、苦闷、愤怒。面对这些焦虑因子，我们需要做的就是进行情绪管理。

奥利森·马登博士曾说过，明白如何控制痛苦与快乐这股力量，而不是为它们所控制，这就是一个人成功的秘诀；如果你能够懂得并做到这一点，你就可以很好地掌握住自己的人生，反之，你的人生就难以自己掌控。这告诉我们，要做自己情绪的主人，凌驾于自己的情绪之上，学会管理情绪，而不是被情绪所影响和支配。

情绪管理，首先要加强控制情绪的意识，当负面情绪隐隐有爆发的兆头时，要用自己的意志来控制自己，告诫自己不要盲目发泄情绪，应当保持理性。其次，可以进行适当的自我鼓励，比如读一些至理名言安慰自己，鼓励自己勇敢面对负面情绪，让自己的勇气、毅力战胜懦弱和逃避心理。最后，可以进行情绪排解，当心里的负面情绪堆积到极点，可以在空旷的无人处放肆呐喊，可以痛快地大哭，可以肆无忌惮地疯玩一场，发泄出负面情绪，才能更好地安顿心灵世界。

世界潜能激励大师安东尼·罗宾斯有一段名言：成功的秘诀在于懂得怎样控制痛苦与快乐这股力量，而不为这股力量所反制。如果你能做到这点，就能掌控住自己的人生，反之，你的人生就无法掌控。懂得安排自己情绪的人，早已收拾行李，踏上了正确的人生之路。

无论如何，请安顿好心灵世界的房客，让每一种有必要的存在都能得到妥善的安置，让不需要的存在即刻离开你的心灵世界，这样，焦虑将被你远远地甩在身后，隐入尘土。

一旦情绪再次不安分

一旦情绪再次不安分
就要立即采取安抚措施

人们有各种各样的情绪状态，焦虑只是其中的一种。调查显示，符合焦虑相关精神障碍诊断标准的人变得越来越多，生活中的任何事件都可能成为我们感到焦虑的诱因，焦虑情绪又反过来严重影响我们的生活。

焦虑对于我们的心灵世界来说，是极大的危险因子。正因如此，我们更应该学会安抚心里的情绪，以积极的心态拥抱生活。

情绪不安分的原因多种多样，成年人的崩溃也常在一瞬间，但无论如何，崩溃之后还要继续生活。每一种情绪的形成都有它关键的原因，安抚情绪也要从查找让情绪不稳定的原因开始。

生活中的不顺利往往是导致情绪不安的主要原因。人生路上的坎坷可能会轻易打乱我们心灵世界的秩序，并引发各种情绪的"暴动"。面对逆境，有人选择勇往直前，有人选择另辟蹊径，也有人陷入情绪中无法自拔。

成长中的经历也可能带给我们焦虑。有一位年轻人有严重的"演讲焦虑"，只要是当众发言，就会感到十分焦虑，而这种情绪的背后是其幼时教育带来的强烈的羞耻心，以及来自父母持续不断的否定。

共情能力强有时也是导致我们情绪不安的"罪魁祸首"。当人们在追剧、看小说时，会不由自主地沉浸在故事里，把自己代入其中的一个角色，但过分沉浸其中，也可能使我们与生活脱节，并导致负面情绪过分堆积。

陷入"思维反刍"更会让人们陷入焦虑的情绪中无法挣脱。在面对失控的情绪时，我们总是在不停地批判自己、打压自己。"怎么又哭了，一点儿用也没有""我为什么不能忍住失态""别人觉得我很烦怎么办"……无限的"思维反刍"只会让我们身心疲惫，最后狼狈收场。

了解了原因，就要开始"对症下药"。面对不安分的情绪，我们应该如何安抚它呢？

首先，我们要学会"跳出来看自己"，脱离给我们带来不安分情绪的环境。

心理学家哈伦·贝克曾提出"认知扭曲"的概念，这一概念认为我们所执着的有时是一些并不存在或者完全错误的认知，这些认知会导致负面情绪的堆积，让我们更难从困境中挣脱。自己的小天地有时候是有局限性的，要知道在天空与地面之间，我们万分渺小。当你困扰于目前的境遇时，不妨跳出自己的圈子，回避造成不安情绪的环境，也许一切会"柳暗花明"。因与人相处而感到焦虑时，不妨先独处一段时间；因面对公共演讲感到焦虑时，不妨先对着镜子多练习练习；想不通的事情也可以先放一放。当然，有些事我们是回避不了的，所以也要学习其他的调节方法。

其次，闲暇时可以学习冥想，冥想能够帮助我们很快地安抚焦躁的情绪。

呼吸是生命的象征，观察呼吸是冥想的一种方法。通过感受生命，我们能够抚平不安的心绪，方法是观察气息进入身体或者呼出时鼻孔的感受，或者观察腹部的隆起和收缩等。

观察想法是另一种方法，"我是无趣的"和"我观察到我在想我是无趣的"，这两种看似结论一样的观点，却完全是处于不同的境遇中得出的，前者是局中人视角，后者则是旁观的角度。观察自己的想法，能够帮助我们意识到，有些想法只是"想法"。除了这两种办法，还可以聆听声音，单纯地去听周围的声音，不去想，也不要分析，不管是风吹来时树沙沙作响,还是隔壁做饭时的盆碗碰撞,听着听着你会发现,这些声音的背后是无尽的寂静。

冥想时需要给我们所有的情绪一个空间,承认自己的负面情绪,不要排斥它,与之相处,拓展自己的意识空间。当你的意识强大起来,它也只是其中的一小部分而已。

最后,学会定期地宣泄情绪,给心灵世界减轻负担,不安分的情绪自会"归位"。

霍桑工厂为了提高员工的工作效率,请来了专家与员工进行谈话,这些员工在谈话时可以尽情表达自己的意见和不满,后来,霍桑工厂的工作效率得到了极大的提高。这种现象就是社会心理学中的"霍桑效应"。

当内心情绪不安分时,不妨把它们从你的心里

"放出来",心灵世界有时很狭小,装不下无尽的情绪,这时你就要通过自己的方式进行宣泄。

事实证明,撕纸是很好的发泄方法,如《红楼梦》中的"晴雯撕扇"。准备一支笔、一张纸,将你的情绪写在纸上,再尽情地撕碎,你可以一点点地撕,可以毫无规律地撕,爱怎么撕就怎么撕。

大喊是通过声音宣泄,最好是在山上,对着山、对着树,用尽力气地喊,你可以喊三次,也许山谷还会将你的声音放大,你的情绪在一次次的回声中也会消失在心底。

你还可以准备几个柔软的枕头,把它们想象成你情绪的来源,对它们进行一顿捶打,也可以随意地乱扔,与枕头的大战就是你的情绪大战。

你也可以去唱歌、去运动、去痛痛快快地玩一场,但也要把握好"度"。

　　总之,当情绪再次不安分的时候,不妨快速行动将它整理好,只有这样,我们才能让情绪张弛有度,收放自如。

心灵世界的情绪容差

> 心灵世界的情绪容差越大
> 我们的心理状态就会越轻松

有人曾说:"一个人真正的修养就是不将自己的负面情绪带给他人。"那么,怎样才能做到这一点呢?是完全压抑、隐藏自己的负面情绪吗?

当然不是。

在生活中,我们的负面情绪大多都是自己内化形成的，这些负面情绪本身也有程度、影响性上的差异，因此，只要是负面情绪就要一棒子打死的做法也是不可取、不现实的。维护心灵世界的和平，不将自己的负面情绪带给他人，核心的做法其实是提高我们心灵世界的情绪容差。

所谓容差，是容许的误差范围，也可以理解为包容度。那什么是情绪容差呢？在这里，我们就可以定位成对情绪的包容度，或者说，对生活中一切的包容度。

对心性坚韧的人来说，他们的情绪容差可能就会很大；对敏感脆弱的人来说，他们的情绪容差可能就很小。所以，对我们来说，要完成心灵的自我疗愈，学习扩大自己心灵世界的情绪容差，是我们的必修课之一。

我们要做情绪的主人，但成为主人的前提是能够自我消化这些突如其来的情绪。一个人的情绪容差越大，对情绪的包容度越高，就越能张弛有度地应对突发的情绪，成为情绪的主人。

如果心灵世界的情绪容差过小，那就容易陷入过分的焦虑中，甚至是患上抑郁症。如鲁迅笔下的祥林嫂，她的前半生是悲哀的，因为她经历了生活的种种不幸，而她的后半生则更加悲哀，因为她不断向别人诉说自己的悲惨经历。反复撕开自己的情绪伤口给别人看，得到的并不会是真正的同情和悲悯，反而是他人的厌恶和唾弃。

所以，过度倾诉并不能真正帮助我们走出困境，不断压缩自己的情绪容差，将自我情绪进行人为的积累而不是消化，只会毁掉一个人的未来。

对别人来说，你无法控制、随意宣泄的情绪也会伤害他人。

情绪容差小的人不能处理好自己的情绪，就把情绪肆意发泄在他人身上，对别人也会造成伤害和影响。

不如意存在于每个人的生活中，一步步地成长，意味着我们需要一次次独自消化情绪。扩大自己的情绪容差，也是对成年人的要求。

扩大心灵世界的情绪容差，也能够帮助我们从容地面对生活。

"生命宛如长河，渡船有千艘，唯自渡方是真渡。"情绪容差大，才能够更好地认识自己，提高自我效能。正如《菜根谭》里说道："宠辱不惊，闲看庭前花开花落；去留无意，漫随天外云卷云舒。"无论是"宠辱"还是"去留",都应当以平常心对待,这样才能淡然应对生活中的万事万物。

情绪容差大,还会帮助我们建立良好的人际关系。你会和情绪不稳定的人往来吗?答案很显然——不会。朋友有时就像一面镜子,你对他皱眉,他也皱着眉看你;你对他微笑,他也会回之以微笑,正因如此,我们才会想要与情绪容差大的人结交。

在电视剧《都挺好》中,苏明玉就是典型的代表,在她二哥被职场霸凌时,她能够和平地邀请她二哥的上司去公司,礼貌客气地与对方交谈。在整个过程中,苏明玉的情绪非常稳定,也能迅速把心思放在寻找处理方法上,这也告诉了我们扩大情绪容差的重要性。

在日常生活中,我们应当如何扩大情绪容差呢?

扩大情绪容差最有效的方法是分离情绪与事实。我们在人生路上不断修行,一定要记住一点,情绪不是事实,我们所担忧的事情、所惶恐的事情,在没有发生前就是不存在的,有时,情绪只源自我们对最坏可能性的恐惧进行的无数倍放大。

锻炼我们的适应性,也能扩大情绪容差。我们总是认为世界是理性的、合乎逻辑的,我们从心底认为,付出就会有回报,但这其实是我们自己对外部世界的"假设",现实并不是如此。我们不妨设定几条新的"假设",比如"变化才是常态""要时刻为适应新的变化做好准备"等。这样,当外部环境真的发生变化时,我们对自己情绪的包容度也会扩大。

培养我们的下意识行动,同样能扩大情绪容差。陷入焦虑情绪时,我们往往会停在原地陷入迷茫,但是，越是处于这种状态中，我们就越要主动改变！最好在你察觉到情绪低落的那一刻马上行动，这就是"下意识行动"。我们要不断地、有意识地锻炼这种行为，把它内化成身体的本能，想做什么就去做，直到你的情绪能够重新"洗牌"，重新振作起来。

情绪容差小，是一个人悲剧的根本；情绪容差大，是一个人最好的砝码。懂得驾驭情绪，保持一颗平常心，幸福才会慢慢发芽。

后 记

在焦虑这件事上，每个成年人都有着丰富的体验和经验。可以说，焦虑是我们生命中不可剥离的部分。从我们出生开始，这只名为"焦虑"的猫咪就在我们心灵深处穴居，与我们朝夕相伴、共同成长。它是一只性格、情绪多变的猫，喜食负面情绪，比如我们内心的恐惧、愤怒、自卑、失望和疲惫等，一旦它吃饱喝足，就喜欢作威作福，以折磨我们为乐，但如果我们心里充满了阳光和快乐，它就会变得乖巧起来。

我们不可能完全消灭焦虑，我们和它也并不是敌对关系，适度的焦虑反而能更好地保护、鞭策我们。

但在现实生活里，被焦虑缠绕的人已经无法看到或感受到它积极的一面。因为当焦虑发作时，这只磨人的小猫，不安分地在你身旁上蹿下跳，不断挑战你的理智和耐心。那种糟糕又难以摆脱的感受，很难不让人抓狂。我们无比渴望驯服这只磨人的猫咪，却常常束手无策。

其实，很多时候我们因为某种事物感到烦恼、困扰、无助，都是因为对其不够了解。焦虑也是一样。

反过来，当你对焦虑的了解越来越多，也就意味着对它拥有了更强的掌控力。那么当你再次面对自己的焦虑时，就不会只是感到紧张、不安、烦躁、手足无措……因为你所拥有的关于焦虑的知识和认识会告诉你，这是一种正常的反应，这些认知会辅助你分析焦虑的原因，会引导你纾解焦虑，并找到一些适合自己的行之有效的方法，以对抗焦虑带来的伤害。

所以，增加关于焦虑的知识和认识，可以让你更快地逃离焦虑的侵扰，成为焦虑猫的主人。

学有所用是另一件重要的事，而思考是能够实现学有所用的钥匙。

这里有一个小小的建议，当你在书中得到一些共鸣时，在遇到一些似曾相识的场景时，希望你能够对自己曾经感到焦虑的事件和当时的感受做复盘思考。对自己的案例做分析，在你自己的过往中找到有价值的经验，会更容易将知识嵌入你的思维模式里。当下一次焦虑来临的时候，你会更容易保持冷静，也能更从容地面对。

其实，我们每个人都拥有驾驭焦虑的能力。就像我们小时候通过反复学习，能识字，会遣词造句，会写文章。我们同样可以通过学习和练习，管理自己的焦虑，让住在心底的焦虑猫安静下来。

最后，衷心地希望每一位读者都可以通过阅读和思考，找到一种更从容的状态去对待焦虑。希望大家在现实世界中奋斗的同时，也不要忘记关注自己的内心世界。